纸上建筑

U0274781

白纸行黑字

沙页翻长河

我是大胃王——趣味童餐72变

范娜 · 著

中央廣播电視大學出版社
· 北京 ·

图书在版编目（CIP）数据

我是大胃王：趣味童餐72变 / 范娜著. —— 北京：中央广播电视大学出版社, 2012.12
ISBN 978-7-304-05790-9

Ⅰ. ①我… Ⅱ. ①范… Ⅲ. ①婴幼儿—保健—食谱
Ⅳ. ①TS972.162

中国版本图书馆CIP数据核字(2012）第268465号

我是大胃王——趣味童餐72变
范 娜 著

出版·发行：中央广播电视大学出版社
电话：营销中心 010-58840200　　总编室 010-68182524
网址：http://www.crtvup.com.cn
地址：北京市海淀区西四环中路45号　　邮编：100039
经销：新华书店北京发行所

策划编辑：李 娜　　版式设计：郭婵媛
责任编辑：夏 亮　　责任印制：李 玲

印刷：北京盛通印刷股份有限公司　　印数：1~5000册
版本：2012年12月第1版　　2012年12月第1次印刷
开本：787×1092　1/32　　印张：8.5
字数：102千字

书号：ISBN 978-7-304-05790-9
定价：35.00元

（如有缺页或倒装，本社负责退换）

序

这里的食物会变魔法，这里的食物会讲故事，这里的食物能学知识！让我们用美食把孩子带入一个童话的世界，用爱做美食，用心讲故事。

刚有宝宝的时候比较喜欢关注一些育儿知识，常在论坛里看到很多妈妈因宝宝不爱吃饭而头疼，宝宝营养不均衡，身体抵抗力就会弱，也较容易生病，所以我就想我的宝宝以后也不爱吃饭该怎么办呢？于是就开始关注儿童饮食，后来看到了一些国外的妈妈给孩子准备的漂亮饭菜，不但外形可爱，营养也非常丰富，我想宝宝一定也会非常喜欢吧。后来宝宝到了厌食的阶段后，我发现她非常挑食，很多东西都不爱吃，我就抱着试试的心理第一次做了儿童创意美食，把她不喜欢的食物给换个造型或是直接隐身。开始我是没有信心做出那些可爱的饭菜的，但是我想成功与否不重要，重要的是里面饱含的爱心，没做好就当练习，只要坚持，我也一定可以做出让宝宝惊艳的美食，没想到的是我第一次竟然成功了，这无疑增添了我的信心。我发现做美食跟照顾宝宝一样，只要有爱心加耐心就一定行的，有时候也会失败，但是你会发现自己又创造出了另一种效果，通过我的努力宝宝渐渐地喜欢上了吃饭。每当看着她大叫着自己认识的卡通美食并且把它们统统吃掉的时候我就特别满足，这是宝宝给我的最好的赞美。

很多妈妈都跟我开始一样，不敢动手因为怕失败，其实只有实践了你才知道自己的能力是无限的，在失败中进步，进步中迎接新的挑战，通过给宝宝制作美食我变得更加热爱生活，热爱美食，思路也变得更加宽广，想象力也丰富了。每一次制作美食对我来说都是一种乐趣，同时让宝宝参与进来也是一个非常好的亲子互动游戏，既锻炼了宝宝的动手能力，又可以激发宝宝的想象力，自己做的食物吃起来也会更香呢。

宝宝餐应该尽量的品种丰富，色彩鲜艳，造型可爱，多食新鲜水果蔬菜，低油、低糖、低盐，这样既满足了宝宝的营养需求，又可以让宝宝爱上吃饭，一定不要急于求成，凡事都有个过程，妈妈们加油！祝愿全天下的宝宝们都健健康康！快快乐乐！

范娜（天使落凡尘）

2012年8月8日

出游便当

创意果蔬

可爱面食

健康饮品

节日美食

甜蜜烘焙

趣味卡通餐

夏日冰品

I COOK

出游便当

1.哆啦A梦便当

带上万能的哆啦A梦去踏青吧，
你想要什么它通通可以变给你，
看玉米被它变成了可爱的玉米人，
连萝卜也被变成了可以学知识的字母，
让我们快乐地边吃边学吧，
有困难哆啦A梦帮你解决哦！

营养分析：

玉米是粗粮中的保健佳品，含黄体素、维生素B_6、维生素C、烟酸等成分，能增强记忆力，防治便秘。萝卜具有消积滞、化痰止咳、下气宽中、解毒等功效。多吃苹果有增进记忆、提高智能的效果，苹果含丰富的糖、锌、果胶、维生素、纤维素、矿物质、有机酸等，可刺激胃肠蠕动，促使大便通畅，熟食可抑制轻度腹泻。

食材：

米饭100g，萝卜100g，苹果100g，玉米100g，海苔、小番茄、奶酪片、豆瓣酱少许。

做法：

1.取正方形海苔将中间剪出一个圆，边缘剪开，再剪出胡子、眼睛。

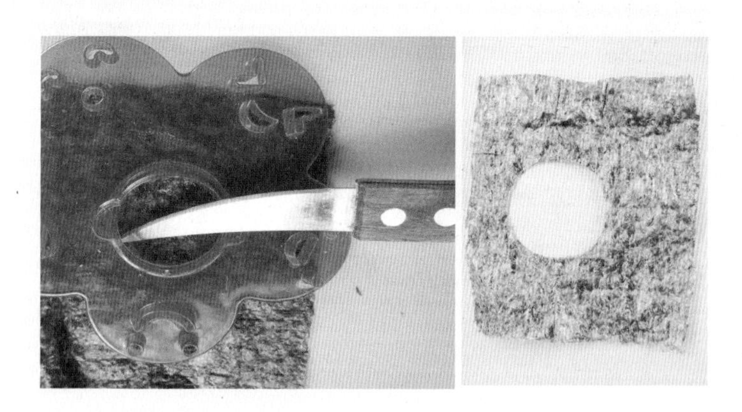

2.用模具将萝卜切出字母形状。

3.油热后放入萝卜翻炒片刻加入豆瓣酱炒熟。

4.将米饭填入球形饭团模压出米球。

5.把海苔包在饭团上。

6.用奶酪片压出眼睛，贴上胡子，用番茄做出嘴巴。

7.给玉米也贴上眼睛、嘴巴，将饭团和菜装进便当盒，放上水果。

小贴士：

海苔沾上些水容易贴紧，豆瓣酱的味道刚好不需额外放盐。

2.M豆便当

记不记得调皮的M豆跟它的主人说你“就不能拿个大点的碗吗？”今天我们就拿个大碗来装M豆。

一颗就够了。

哈哈。

营养分析：

芦笋中富含多种氨基酸、蛋白质和维生素，具有调节机体代谢，提高身体免疫力的功效。杏鲍菇中富含蛋白质、碳水化合物、维生素及钙、镁、铜、锌等矿物质，可以提高人体的免疫功能。西兰花的维生素C含量极高，有利于人的生长发育，促进肝脏解毒，增强人的体质，增加抗病能力。

食材：

米饭200g，芦笋、培根、杏鲍菇、胡萝卜、奶酪片、海苔、小番茄、豌豆、鲍鱼汁、食盐适量。

做法：

1.将杏鲍菇、芦笋等都切好。

2.把芦笋、西兰花、胡萝卜加少许食盐焯水，五成熟时将芦笋捞出。

3.用培根卷住芦笋煎熟。

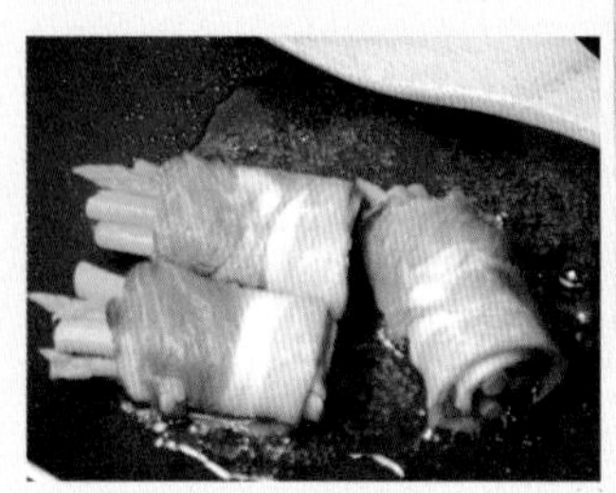

4.杏鲍菇加豌豆、适量鲍鱼汁、食盐炒熟。

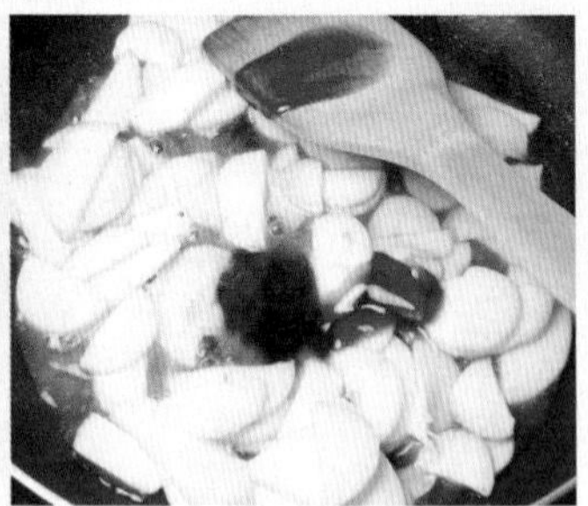

5.便当盒里填入米饭和炒好的菜。

6.用奶酪片切出M豆的形状，海苔剪出五官。

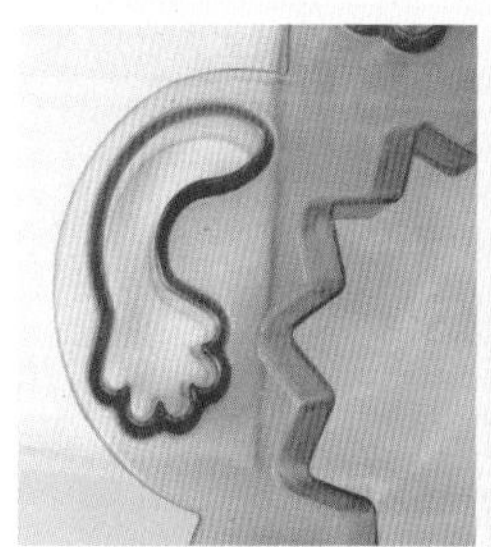

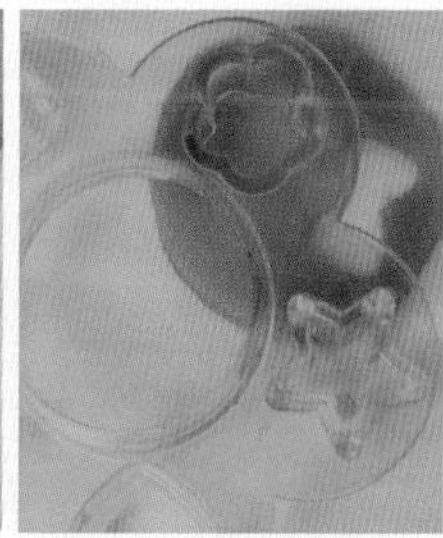

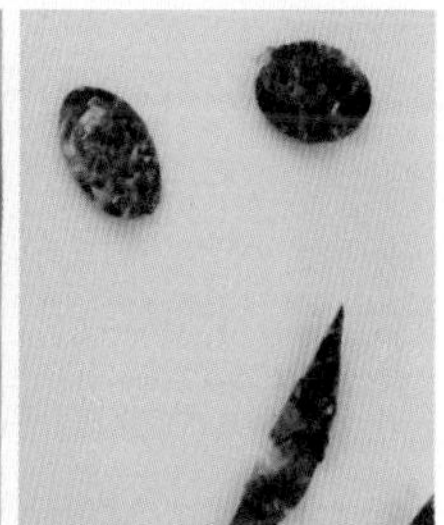

7.胡萝卜压出花朵装饰在米饭上即可。

小贴士：

便当里的菜尽量隔开，防止串味儿。

3.轻松小熊咖喱饭

轻松熊准备要睡觉了，
但是睡觉前它一定要让妈妈讲一个故事才行，
熊妈妈讲了什么好听的故事呢？
晚安宝贝！

营养分析：

鸡脯肉和鸡蛋富含易被人体吸收的优质蛋白质，可增强抵抗力，口蘑含丰富的硒和大量维生素D、植物纤维，可预防小儿麻疹、佝偻病，防止便秘等。土豆中含有大量的淀粉以及蛋白质、B族维生素、维生素C、膳食纤维等物质，能促进脾胃的消化功能，防止便秘。

食材：

大米200g，鸡蛋100g，胡萝卜50g，土豆50g，口蘑50g，鸡脯肉200g，咖喱1块、酱油、食盐、玉米淀粉、奶酪片、海苔适量。

做法：

1.将米饭蒸熟。

2.土豆、胡萝卜、鸡脯肉、口蘑切成小块备用。

3.鸡蛋加少许淀粉拌匀摊成蛋饼。

4.炒锅油热后倒入鸡脯肉翻炒，加入土豆、胡萝卜、适量水和1块咖喱拌匀，加入口蘑一起炖熟。

5.将米饭填入便当盒一半，另一半填菜，再取适量米饭加入少许酱油拌匀。

6.用保鲜膜团出小熊的头、耳朵、肚子、胳膊摆在合适位置。

7.把蛋饼切成方形，裁掉的边留着备用。

8.将蛋饼盖在小熊身上做被子，奶酪片做出小熊的嘴巴和耳朵，海苔剪出眼睛和鼻子、嘴巴。

9.剩下的蛋饼边角料用波浪刀切成花纹，中间用吸管压出小孔，做被子的花边，再用边角料压一些小花装饰即可。

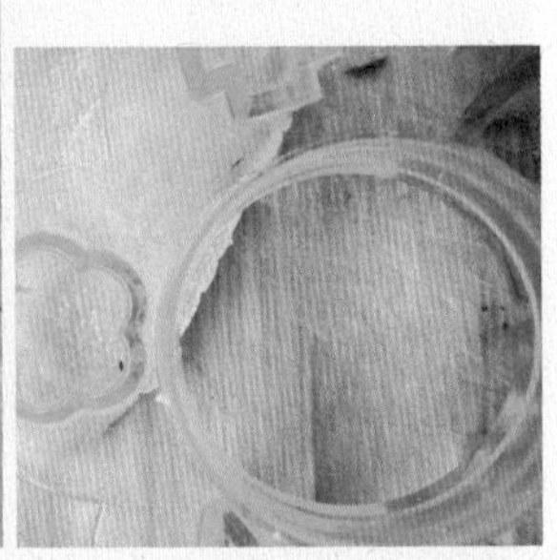

小贴士：

米饭蒸得稍软好摆造型。

4.熊猫便当

冬天飘起了雪花，冷冷的，
叶子都掉光了，
熊猫宝宝多么期待春天赶快来啊，
它知道春天已经不远了，
因为迎春花已经悄然绽放。

营养分析：

梨含有葡萄糖、蔗糖、果糖、维生素等成分，能清热生津，润燥化痰。西兰花的维生素C含量极高，有增强免疫、利于生长发育的功能。香菇富含维生素D，可预防佝偻病。鸡腿肉中蛋白质含量较高，很容易被人体吸收和利用，有增强体力、强壮身体的作用。土豆中含有大量的淀粉以及蛋白质、膳食纤维、维生素等物质，能促消化，防止便秘。

食材：

米饭50g、土豆100g、鸡块100g、香菇20g、黄瓜1根、西兰花10g、鸡蛋1只、淀粉、白糖、老抽、食盐、生菜、奶酪片、海苔、雪梨、小番茄、草莓、橙子适量。

做法：

1.雪梨取二分之一切块加适量水放入豆浆机里打成汁。

2.土豆切块备用。

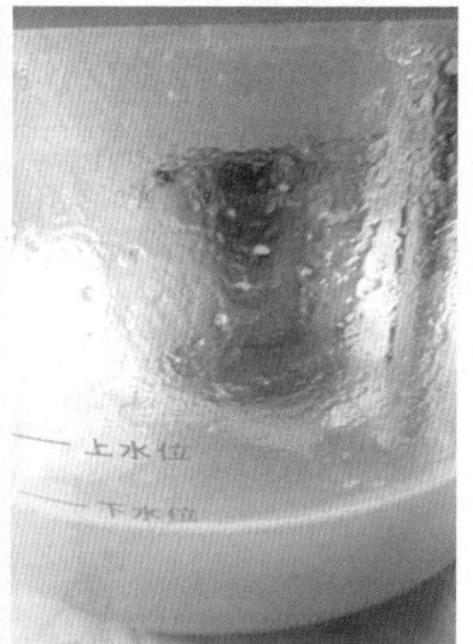

3.油热后放入白糖炒出糖色。

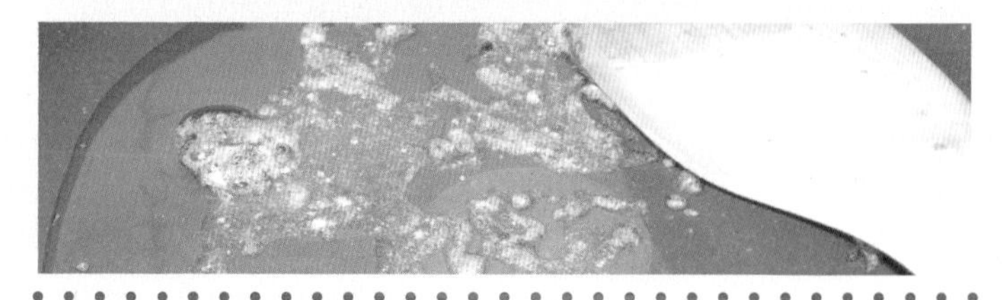

4.倒入鸡块翻炒上色，加入老抽和适量水，放入香菇、土豆一起炖熟。

5.另起一锅加少量水和一点食盐，将切好的火腿肠和西兰花焯熟。

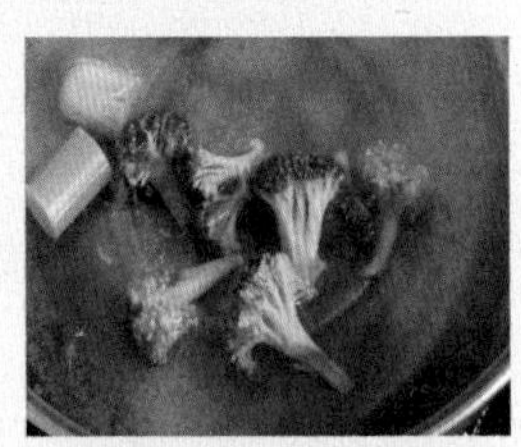

6.鸡蛋取蛋黄加少量淀粉摊成蛋饼切长条折叠一下，切成连着的细条，将火腿肠放中间卷起。

7.海苔剪成所需形状。

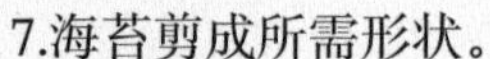

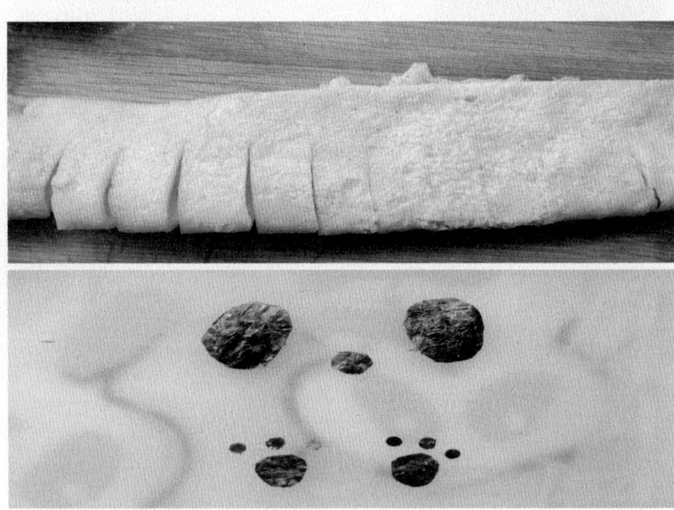

8.便当盒铺一层生菜，米饭填入模具压实放入合适位置脱模，放上海苔装饰。

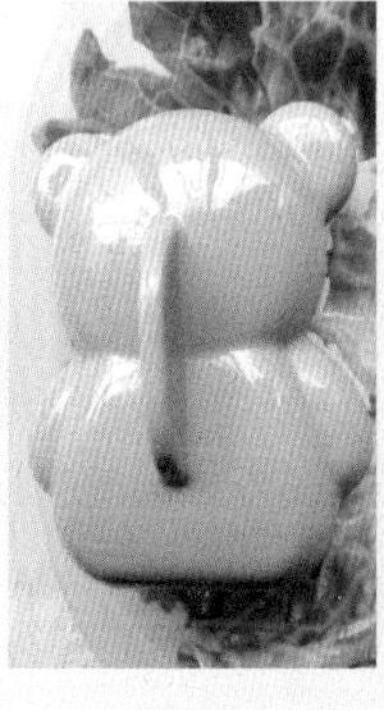

9.将黄瓜去皮修成竹子形状摆在旁边，西兰花填空，蛋卷花放入合适位置，

再放入土豆鸡块，芝士片压成雪花装饰。

小贴士：

便当里面的菜一般以无汤汁且方便携带为主。

5.小熊维尼便当

维尼的蜂蜜都吃光了，
小朋友知道哪里有蜂蜜吗？
赶快带上维尼一起去找吧，
小心不要被蜜蜂蛰到哦！

营养分析：

南瓜含丰富的维生素、果胶和锌，鸡翅含大量的维生素A，番茄和西兰花中含丰富的维生素C以及矿物质，瘦肉和鸡蛋中含丰富的蛋白质，可以提高机体免疫力，健脑壮骨，保护胃粘膜，帮助消化，促进儿童成长发育。

食材：

大米150g，青豆、玉米、胡萝卜各50g，瘦肉馅100g，鸡翅中3根，烤肉酱50g，西兰花100g，熟南瓜30g，鸡蛋一只，奶酪2片，玉米淀粉、小番茄、番茄、生菜叶、食盐、酱油、海苔少许。

做法：

1.米饭蒸熟备用。

2.鸡翅背面斜切几道口，用烤肉酱腌制半小时。

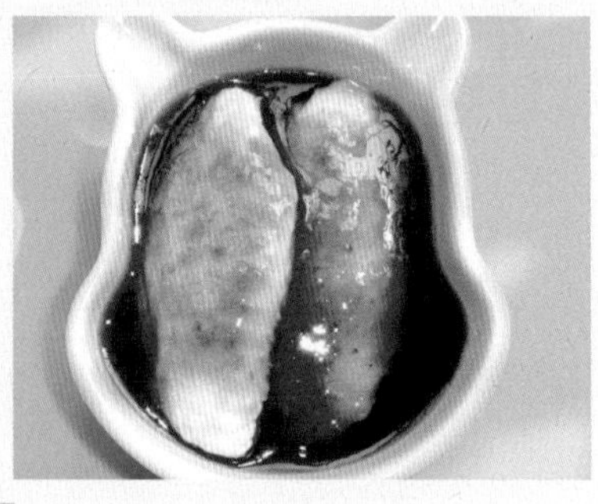

3.将瘦肉馅和青豆、玉米、胡萝卜、玉米淀粉、食盐、酱油搅拌均匀并团成丸子。

4.西兰花和肉丸子一起煮熟。

5.鸡蛋打散加入少许玉米淀粉摊成蛋饼。

6.腌制好的鸡翅用少许油煎至两面金黄。

7.米饭用南瓜泥拌成黄色。

8.将海苔剪出维尼的五官。
9.用保鲜膜团出维尼的头和身体。
10.切一块番茄修成维尼的衣服。

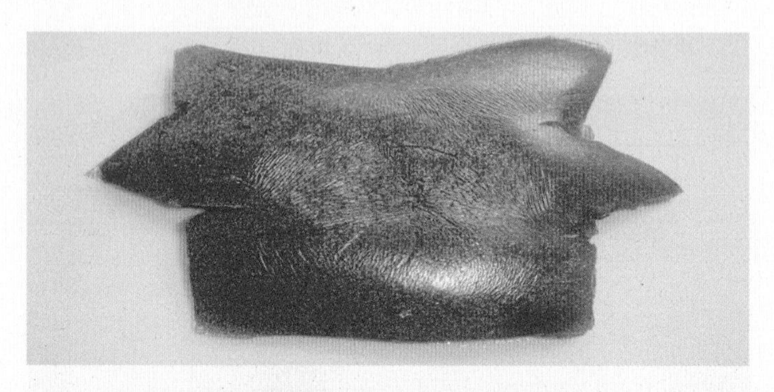

11.将维尼组装好摆在铺了生菜叶的便当盒里。

12.将蛋饼切成长条，边卷边往外翻，卷成玫瑰花。

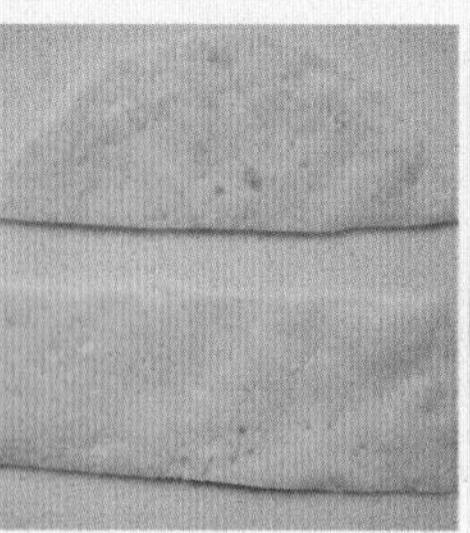

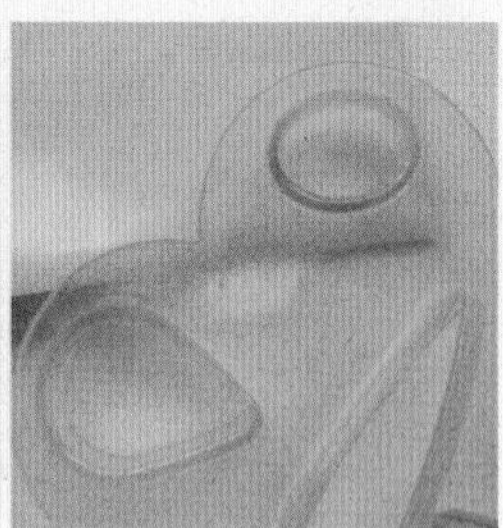

13.最后将所有的配菜填在空隙处，用奶酪片和海苔做出小蜜蜂的形状即可。

小贴士：

摊蛋饼的时候不粘锅不需要抹油，西兰花不要煮太久以免失去翠绿感。

6.小蜜蜂便当

春天来了，花儿开了，
又可以见到小蜜蜂辛勤的身影了，
利用手边现有的食材来发挥自己的想象，
做个便当全家一起春游去吧！

营养分析：

虾中含有丰富的蛋白质、矿物质及维生素A、氨茶碱等成分，能很好地保护心血管系统，并且富含磷、钙，对小儿尤有补益功效。虾仁体内的虾青素是目前发现的最强的一种抗氧化剂。西兰花的维生素C含量极高，有增强机体免疫功能，利于人的生长发育。丝瓜中维生素B等含量高，有利于小儿大脑发育。

食材：

米饭100g、鸡脯肉200g、西兰花30g、荷兰豆20g、火腿片30g、丝瓜300g、鸡蛋50g、大蒜、海带、海苔、胡萝卜片、虾仁、玉米淀粉、烤肉料、生菜、盐适量。

做法：

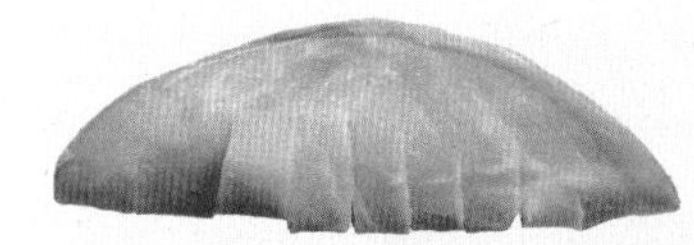

1.将鸡脯肉切成薄片，用烤肉酱腌制20~30分钟。

2.丝瓜去皮切片，炒锅油热后加入蒜蓉爆香，放入食盐、鸡精炒熟。

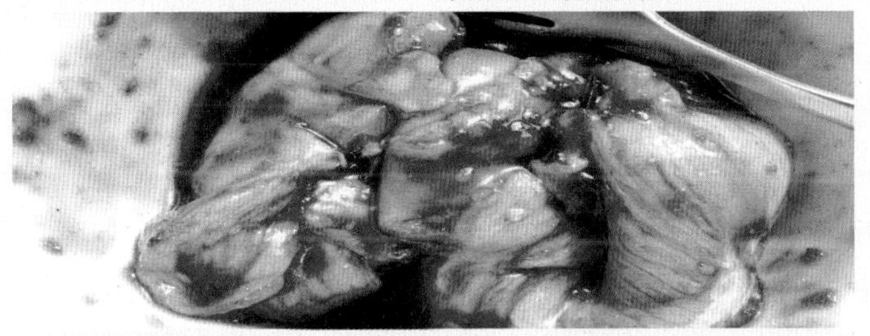

3.将虾仁、荷兰豆、胡萝卜片、西兰花加少许食盐一起焯熟。

4.将鸡脯肉煎熟。

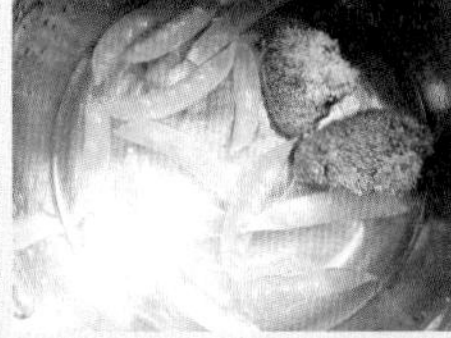

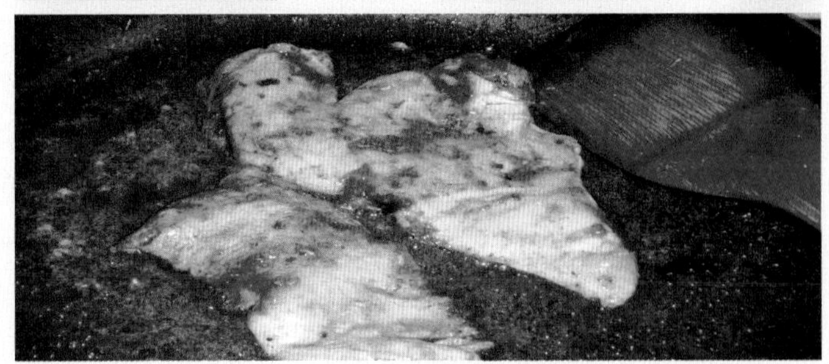

5.火腿片中间切连条卷成花状。

6.盒底铺上生菜，放上丝瓜、西兰花、火腿花、鸡脯肉、虾仁，填上米饭。

7.鸡蛋取蛋清、蛋黄分别加入玉米淀粉摊成蛋饼。

8.用剪刀将黄色蛋饼剪出蜜蜂的身体，用模具在蛋白上压出翅膀。

9.边角料可以压出一些装饰花朵，海带压出眼睛、嘴巴，海苔剪出花纹，将蜜蜂放在合适位置，旁边用胡萝卜压出花型，荷兰豆剪出花竿和叶子即可。

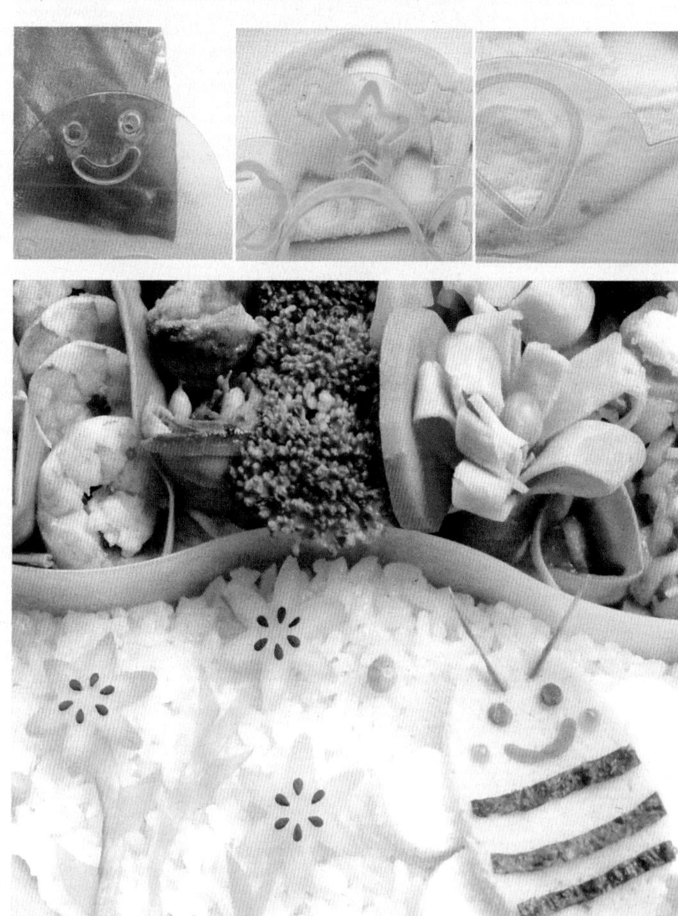

小贴士：

配菜可以根据自己的喜好调整。

创意果蔬

7.橙汁冬瓜

这里隐藏了好多小动物哦，
小朋友们快来看看你能找到几种吧，
还要数数每种小动物有多少只哦，
相信每个小朋友都是最棒的。

营养分析：

冬瓜含维生素C较多，钾盐含量高，钠盐含量较低，可利尿消肿。冬瓜中所含的丙醇二酸，能有效地抑制糖类转化为脂肪，加之冬瓜本身不含脂肪，热量不高，可以防止发胖。冬瓜性寒味甘，清热生津，解暑除烦，在夏日服食尤为适宜。

食材：

冬瓜200g，白砂糖50g，橙味果珍100g。

做法：

1.将冬瓜去皮切薄片。

2.用模具切出形状。

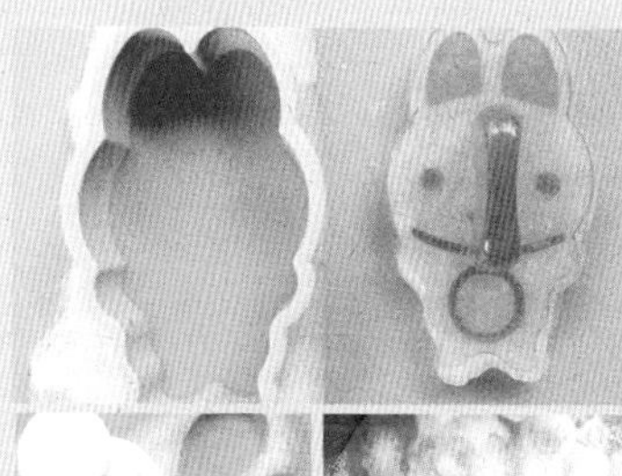

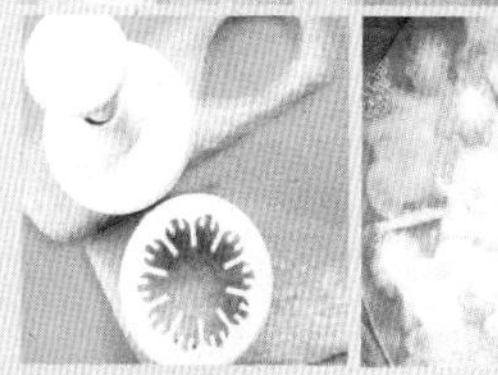

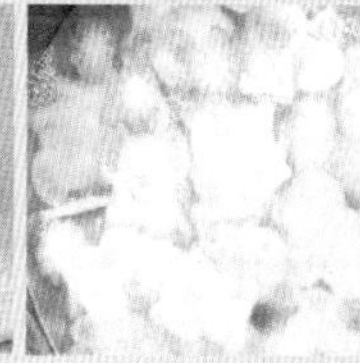

3.边角料可以用小的模具继续切。

4.用开水焯两分钟即可。

5.捞出晾凉加入白砂糖和橙味果珍入冰箱冷藏几小时即可食用。

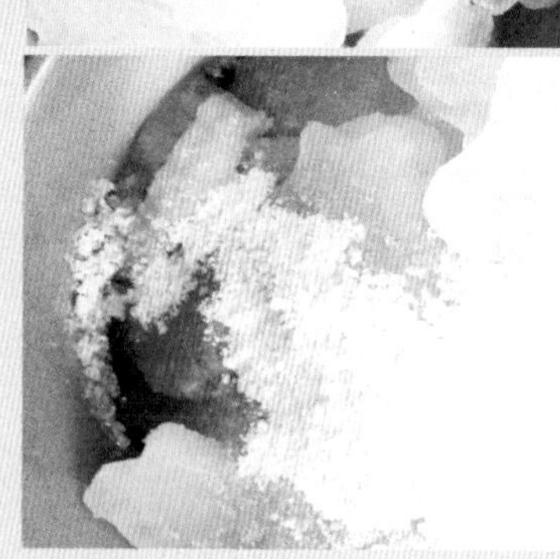

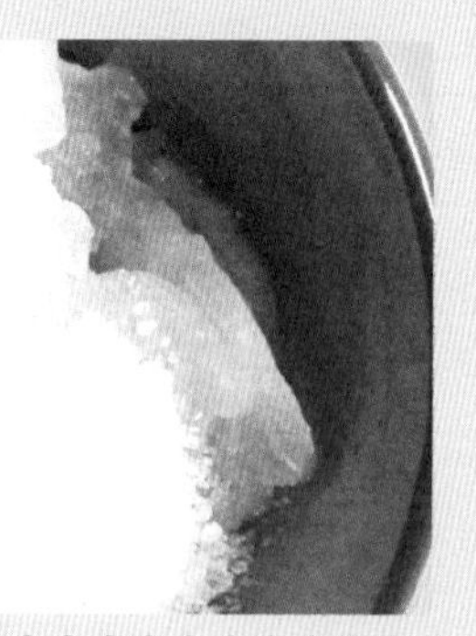

小贴士：

冬瓜焯太久会失去脆嫩感，可根据自己的口味适当增减白砂糖。

8.蓝莓山药

冰激凌吃多了不健康又容易生病，
还是做一款健康的山药冰激凌吧，
又好看又有营养呢。

营养分析：

蓝莓果酱中的花青素能够延缓记忆力衰退、预防近视和各类眼疾，可明显地增强视力，消除眼睛疲劳。山药含有淀粉酶、多酚氧化酶等物质，有利于脾胃消化吸收功能。山药含有多种营养素，有强健机体，滋肾益精的作用。山药含有皂甙、黏液质，有润滑，滋润的作用，故可益肺气，养肺阴，治疗肺虚痰嗽，久咳之症。

食材：

山药200g，蓝莓果酱、糖珠适量。

做法：

1.山药洗净连皮蒸熟。

2.晾凉撕去皮。

3.搅成泥装入曲奇嘴的裱花袋。

4.挤成冰激凌状浇上蓝莓果酱撒上糖珠。

小贴士：

山药蒸熟再去皮，避免粘液引发的皮肤瘙痒，山药有收涩的作用，故大便燥结的宝宝不宜食用，较适宜腹胀、腹泻的宝宝食用。

9.麻酱菠菜墩

宝宝长身体的时候容易挑食、缺少微量元素、便秘、贫血等，

每天进食一定量的新鲜蔬菜水果可以补充各种营养并帮助缓解不适症状。

宝宝不爱吃蔬菜就换个造型试试吧。

营养分析：

菠菜中含有丰富的胡萝卜素、植物粗纤维、维生素和矿物质，具有促进肠道蠕动、帮助消化、辅助治疗缺铁性贫血、维护视力、增强抵抗力、促进儿童生长发育的作用。芝麻含有大量的脂肪、蛋白质和膳食纤维，具有补血明目、祛风润肠的功效。大豆富含异黄酮和人体必需的8种氨基酸，多种维生素及微量元素，以及亚油酸，能促进儿童神经发育。

食材：

菠菜200g、黄豆50g、芝麻1勺、海苔1片、小番茄1个、食盐、鸡精、芝麻酱适量。

做法：

1.黄豆提前泡开后煮熟。

2.小番茄对半切开，将海苔剪出所需形状粘在番茄上。

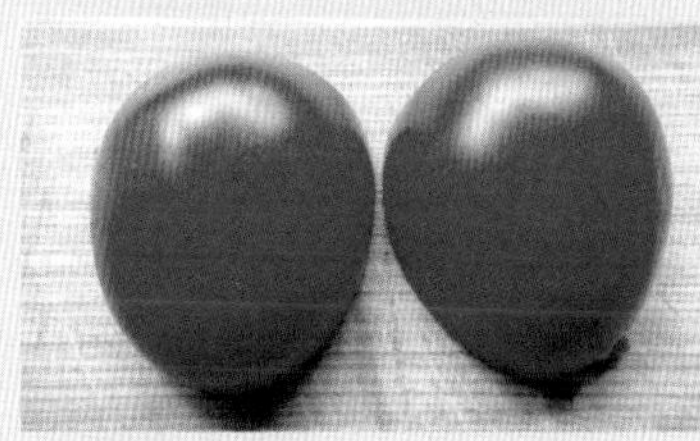

3.菠菜焯水捞出晾凉后切碎。

4.放入黄豆和食盐、芝麻酱、鸡精一起拌匀。

5.装进盒子压紧扣到盘子里，撒上适量芝麻、放上瓢虫装饰即可。

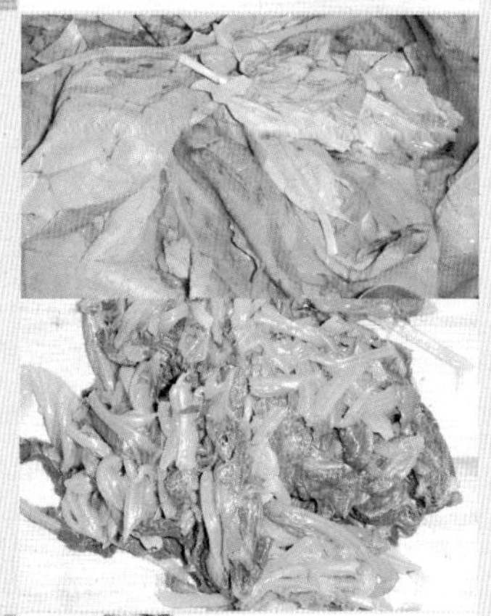

小贴士：

菠菜一定要压紧才不会散掉。

10.奶油紫薯葡萄

吃葡萄不吐葡萄皮，
奶油味的葡萄，豆沙的馅，
吃起来绝对很过瘾呢。

营养分析：

紫薯富含硒和花青素，硒是“抗癌大王”，易被人体吸收，增强机体免疫力，花青素对100多种疾病有预防和治疗作用，紫薯纤维素含量高，可促进肠胃蠕动，保持大便畅通，紫薯铁、钙含量特高，铁是人体补血的必要元素。

食材：

熟紫薯150g，动物奶油50g，豆沙100g。

做法：

1.将紫薯过筛成泥。

2.加入奶油拌匀。

3.用保鲜膜取一块紫薯压扁放上豆沙馅包住。

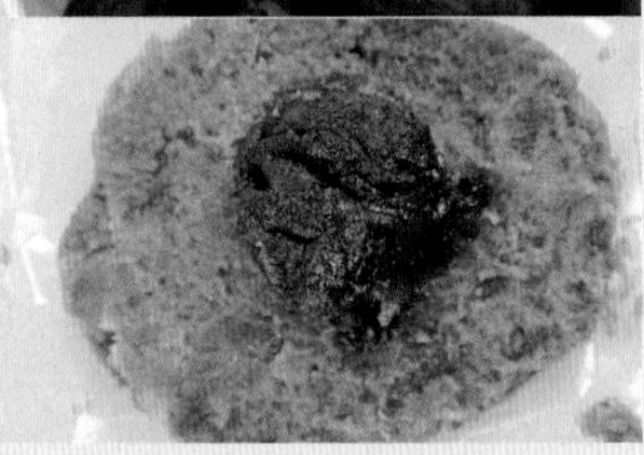

4.摆成葡萄的形状即可。

小贴士：

一次不宜食用过量，否则可能导致腹胀、烧心、吐酸水等，气滞食积者应慎食。

11.木瓜玉米人

小朋友好，我是超级无敌可爱的玉米人，
想认识我吗？
那快来尝尝你就知道我是谁了，
千万不要告诉别人哦。

营养分析：

木瓜中含有番木瓜碱、木瓜蛋白酶、凝乳酶、胡萝卜素等成分；并富含17种氨基酸及多种营养元素；包括维生素A、维生素B、维生素B_1、维生素B_2、维生素C及蛋白质、铁、钙、木瓜酵素、有机酸及高纤维等物质，其中维生素A及维生素C的含量特别高，有预防感冒、抗氧化的功能，饭后食用，可以整肠助消化。

食材：

木瓜500g,橙味果珍、白糖、奶酪片、海苔、番茄少许。

做法：

1.木瓜去皮对半切开将籽挖空。

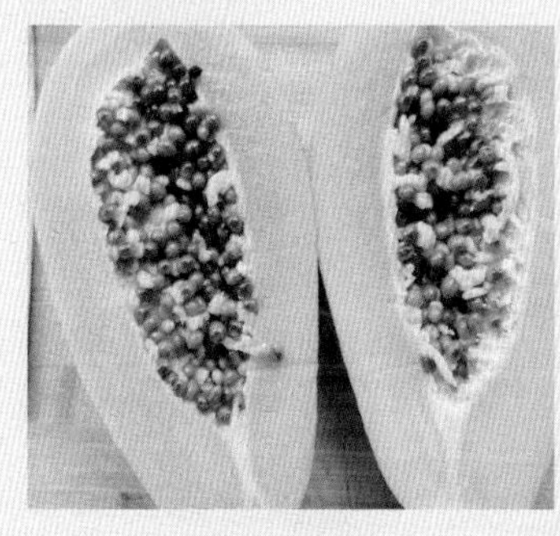

2.横竖切成均匀小块，千万不要切透，切至三分之二即可。

3.找个菜梗修成玉米叶装饰。

4.撒上橙味果珍和白糖，上锅蒸5分钟即可。

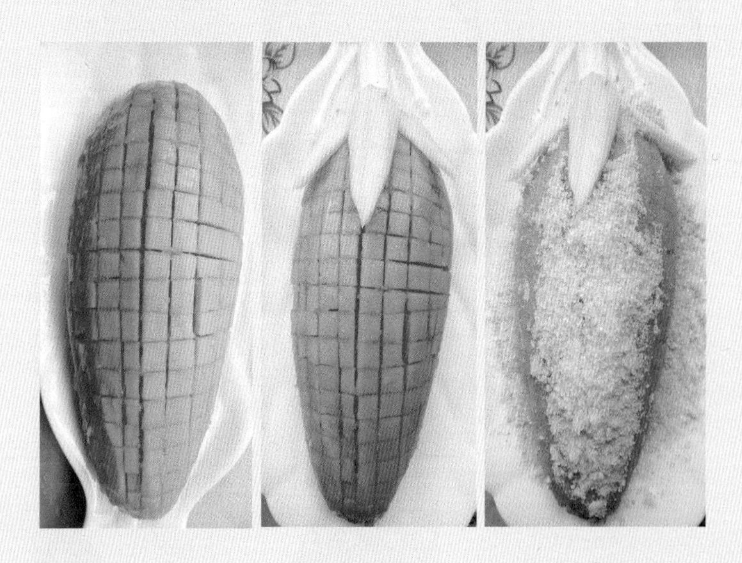

5.最后用奶酪片和海苔做成眼睛，用番茄做成嘴巴放在合适位置。

小贴士：

木瓜切的时候要小心一点，不要切断。

12.懒洋洋土豆泥

懒羊羊是一个好吃懒做的小胖子，
见了吃的就会两眼发光，
他不是最勤劳的但却是最可爱的。

营养分析：

海苔中含丰富的硒和碘，可以维持机体的酸碱平衡，有利于儿童的生长发育。虾富含磷、钙，对小儿有补益功效。土豆是碱性食物，含有大量淀粉以及蛋白质、膳食纤维、B族维生素、维生素C等物质，能促进脾胃消化、宽肠通便，有利于体内酸碱平衡。豌豆富含赖氨酸，这是其他粮食所没有的。

食材：

土豆泥500g，豌豆、虾仁、培根、胡萝卜、海苔、食盐、鲍鱼汁、番茄沙司适量。

做法：

1.将土豆泥加少许食盐炒一下，取出三分之一。

2.剩下的土豆泥加入少许鲍鱼汁和番茄沙司炒匀盛出。

3.将虾仁、培根等切成丁。

4.炒锅油热后放入虾仁、培根、食盐等炒至八成熟，倒入一半加了鲍鱼汁的土豆泥炒熟。

5.取一半圆容器铺上保鲜膜填满4里面的土豆泥。

6.倒扣到盘子里后取另一半加了鲍汁的土豆泥在上面涂上一层。

7.取白色的土豆泥装入圆口裱花袋，挤出羊毛形状。

8.胡萝卜片和海苔做成羊角和耳朵插入土豆泥里。

9.海苔剪出眼睛、嘴巴。

小贴士：

土豆泥共分成三份，一份加料垫底，一份是粉色的皮肤，一份是白色的羊毛。

013.草莓土豆糖葫芦

酸酸甜甜的冰糖葫芦相信小朋友们都非常喜欢吧，今天我们就来动手做个同样酸酸甜甜的草莓土豆糖葫芦，是不是可以以假乱真呢。

营养分析：

土豆中含有大量淀粉、蛋白质、维生素、膳食纤维，能促进消化，宽肠通便，同时又是一种碱性蔬菜，有利于体内酸碱平衡，且易于消化吸收，营养丰富。草莓中含丰富的维生素C和果胶及纤维素，可促进胃肠蠕动，改善便秘，草莓中所含的胡萝卜素和天冬氨酸有明目养肝、清除体内重金属离子的作用。

食材：

土豆300g，自制草莓酱150g。

做法：

1.将土豆上锅蒸熟搅成泥。

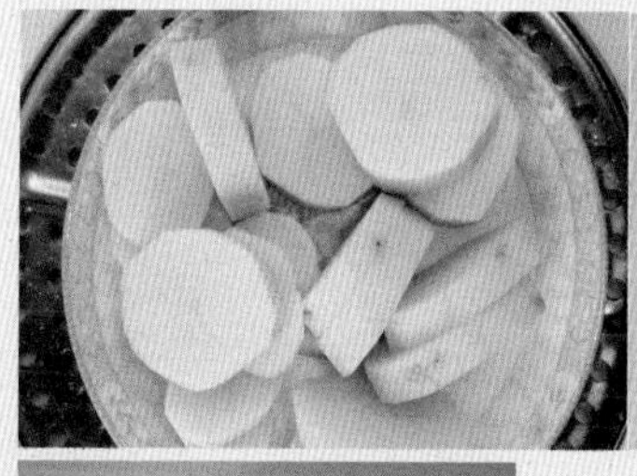

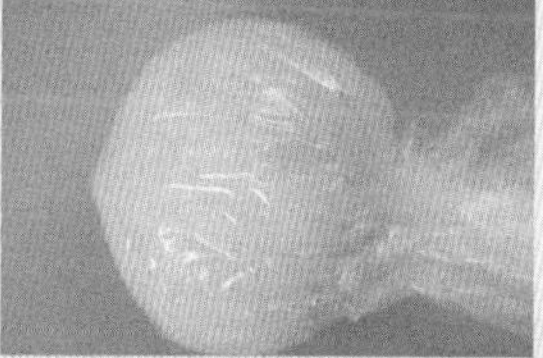

2.用保鲜膜团成圆球。

3.用竹签串起来。

4.淋上草莓酱。

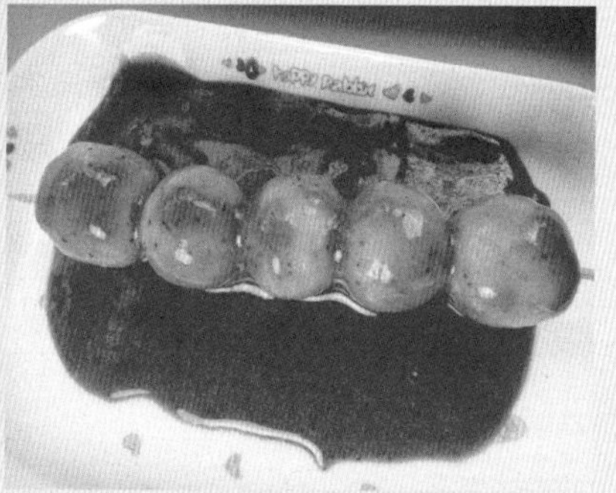

小贴士：

草莓酱的做法是草莓打成泥加白糖一直熬至浓稠即可，甜度根据自己口味调节。

014.毛毛虫蔬菜沙拉

充满阳光的午后和小猪一起出去晒个太阳吧，
懒懒地躺在草地上真是惬意啊，
小朋友知道毛毛虫的梦想是什么吗?

营养分析：

鹌鹑蛋中含丰富的蛋白质、脑磷脂、卵磷脂、赖氨酸、胱氨酸、维生素、铁、磷、钙等营养物质，可补气益血，强筋壮骨。黄瓜中含有的葫芦素C具有提高人体免疫功能的作用，黄瓜中的黄瓜酶，能促进机体新陈代谢，西兰花里丰富的维生素C可促生长、提高免疫力。

食材：

鹌鹑蛋2个，鸡蛋1只，自制沙拉酱、小番茄、胡萝卜、西兰花、苦菊、黄瓜、海苔、红曲粉、奶酪片适量。

做法：

1.黄瓜切薄片，用奶酪、海苔做出眼睛组合成毛毛虫形状。

2.取蛋清加红曲粉摊成粉色蛋饼修出四肢和嘴巴，海苔剪出眼睛，用两个鹌鹑蛋组合成小猪形状。

3.胡萝卜焯水，切成蝴蝶形状。

4.奶酪片压成云彩，海苔做出眼睛。

5.西兰花焯水，摆成小树。

6.用小番茄做出太阳，蛋饼边角料修出花朵装饰，最后浇上沙拉酱即可。

小贴士：

沙拉酱做法=1个蛋黄+25g白糖彻底打发，将250g植物油分次加入继续打发，黏稠时将25g白醋分次加入即可。

15.尼莫南瓜泥

爸爸马林非常疼爱尼莫，
总担心它出事，
可是尼莫上学的第一天就被人类抓走了。
马林开始了漫长的寻子之路，
尼莫被人类放进了鱼缸里，
但它没有放弃希望，
一直在为回归大海而努力，
终于在朋友们地帮助下它回到了大海见到了爸爸。

营养分析：

南瓜多糖，能提高机体免疫功能，促进细胞因子生成，南瓜中丰富的类胡萝卜素在机体内可转化成维生素A，维持正常视力、促进骨骼的发育。 南瓜具有解毒、保护胃粘膜、帮助消化、 促进生长发育的功效。

食材：

南瓜300g、奶酪、巧克力果膏、苦菊、海苔适量。

做法：

1.南瓜蒸熟用勺子压成泥。

2.用勺子在盘子上堆出鱼的轮廓。

3.将奶酪片剪成需要形状摆在鱼身上。

4.海苔剪出眼珠形状。

5.用挤酱笔挤出线条。

6.摆上苦菊当水草。

小贴士：

南瓜性温，胃热盛者少食；南瓜性偏壅滞，气滞中满者慎食。服用中药期间不宜食用。 南瓜+辣椒=破坏维生素C ，南瓜+羊肉=引发腹胀、便秘。

16.幸福的小鸡凉拌金针菇

春天来了万物复苏，处处繁花似锦，鸡妈妈也变得忙碌了起来，每天不辞辛劳地孵蛋，就是为了让鸡宝宝们看到春天最美的景色，鸡宝宝们也一直不停地努力伸长着自己的身体，终于有一天他们破壳而出，哇！春天好美啊！

营养分析：

鹌鹑蛋的营养价值很高，且对肺病、肋膜炎、哮喘、心脏病、神经衰弱有一定的疗效。金针菇中含有人体必需的氨基酸、丰富的锌，对儿童的身高和智力发育有良好的作用，能增强机体活性，促进新陈代谢。

食材：

金针菇300g，黄瓜150g，鹌鹑蛋、胡萝卜、小番茄、食盐、白醋、香油、鸡精、海苔片适量。

做法：

1.金针菇去根洗净焯熟备用。

2.黄瓜切丝和金针菇加入食盐、白醋、香油、鸡精拌匀。

3.倒入盘子做出鸡窝的形状。

4.鹌鹑蛋煮熟去皮，取几个用模具从中间V形切开，两个不切。

5.将切开的鹌鹑蛋上半部分盖在没切的鹌鹑蛋上就是鸡妈妈、鸡爸爸，去掉一半蛋白的就是鸡宝宝，注意不要切到蛋黄。

6.用胡萝卜压出嘴巴和鸡冠装在鹌鹑蛋上。

7.将海苔片压出眼睛，粘在鸡妈妈、鸡爸爸和鸡宝宝脸上即可。

小贴士：

适合有牙的宝宝，可以将金针菇切得短一点更利于宝宝咀嚼。

17.西兰花苹果树

西兰花和小萝卜做的苹果树是不是非常有创意呢？小朋友们可以自己动手种一棵苹果树，然后体验采摘苹果带来的乐趣吧，一定要数数自己吃了多少颗苹果哦。

营养分析：

西兰花中含丰富的微量元素和多种氨基酸，其中主要含有丰富的锌、碘、胆碱和钙、铁、维生素K、维生素C、牛磺酸等成分，能增强肝脏的解毒能力，提高机体免疫力，适合成长发育期的儿童食用。

食材：

西兰花500g、樱桃萝卜100g、紫菜、蚝油、盐适量。

做法：

1.西兰花择成小朵，加水和少许食盐焯熟。

2.小萝卜对半切开。

3.将焯好的西兰花和小萝卜放入少许蚝油拌匀。

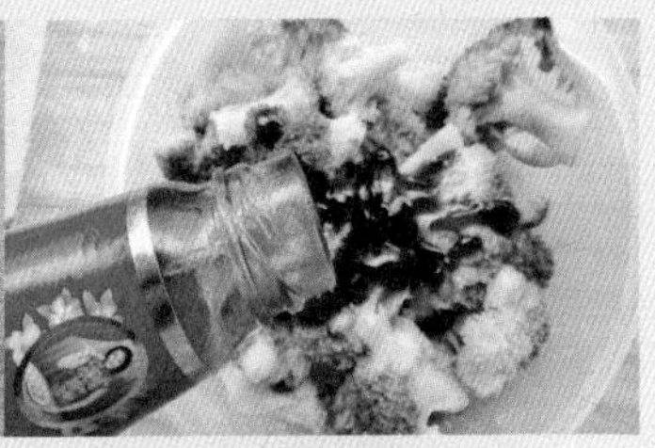

4.将紫菜焯熟拌入少许蚝油，摆成树干形状。

5.西兰花摆在合适位置做树叶。

6.放上小萝卜做苹果。

小贴士：

蚝油忌高温烹煮，西兰花焯熟即可，煮太久会变色，口感也不好，消化功能不好、素体脾虚、腹痛便溏、脾胃虚寒者勿食紫菜，小萝卜可以用小番茄或同等食材代替。

可爱面食

18.三只熊紫薯馒头

三只熊住在一起，
熊爸爸、熊妈妈、熊宝贝，熊爸爸很胖，
熊妈妈很苗条，熊宝贝很可爱，
一天一天长大着。

营养分析：

紫薯中含丰富的蛋白质、氨基酸、维生素和多种矿物质。其中铁和硒含量丰富，可抗疲劳、补血，增强机体免疫力，清除体内自由基，紫薯富含的纤维素可促进肠胃蠕动，保持大便畅通，并富含对100多种疾病有预防和治疗作用的花青素。面粉富含蛋白质、碳水化合物、维生素和钙、铁、磷、钾、镁等矿物质，有养心益肾、健脾厚肠、除热止渴的功效。

食材：

面粉500g，熟紫薯250g，酵母粉0.5g，水、竹炭粉适量。

做法：

1.将面粉加入酵母粉，取出一小部分，剩下的加入紫薯泥。

2.分别和成光滑的面团用湿布盖住放温暖处醒发至2倍大。

3.将发好的紫薯面团揉出多余空气，团出小熊的脸和两个耳朵，用水将耳朵粘在脸上。

4.白色面团取少许加入竹炭粉揉成黑色面团，将白色面团压出圆片做小熊的嘴巴，黑色做眼珠和鼻子，用水粘在小熊脸上。

5.放在加了冷水的蒸锅上继续醒发至两倍大时开大火蒸25分钟左右，关火后闷1~2分钟。

小贴士：

小熊二次发酵后放到蒸锅上时，应小心不要破坏其形状。

19.樱花面片

对付不吃蔬菜宝宝的秘诀就是让蔬菜隐身，
用蔬菜汁和面，把面条做成可爱的小面片，
既解决了面条太长的烦恼，
又让宝宝一口一个，吃得方便。

营养分析：

苋菜富含易被人体吸收的钙质，对牙齿和骨骼的生长可起到促进作用，它含有丰富的铁、钙和维生素K，能促进造血等功能。苋菜还可以防止便秘。菠菜中含有丰富的维生素C、胡萝卜素、蛋白质，以及铁、钙、磷等矿物质，菠菜具有增强青春活力的作用，番茄中所含的番茄红素具抗氧化作用，鸡蛋含易被人体吸收的优质蛋白质等，有较高的营养价值。

食材：

面粉160g，菠菜汁30g，苋菜汁30g，鸡蛋1只，番茄1个，菠菜50g、食盐少许。

做法：

1.将面粉分成两份分别加入菠菜泥、苋菜汁，和成两个面团。

2.将面团擀成薄片。

3.用樱花模具和叶子模具分别压出小面片用水煮熟。

4.将蔬菜切好，鸡蛋和番茄翻炒片刻加入菠菜、盐炒熟。

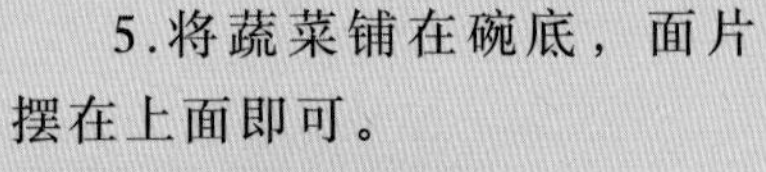

5.将蔬菜铺在碗底，面片摆在上面即可。

小贴士：

苋菜汁的做法：将苋菜焯熟，用手挤出汁即可。面片煮熟马上出锅，煮得越久颜色就会越淡。

20.皮卡丘南瓜馒头

小朋友都喜欢汉堡，不喜欢吃馒头怎么办呢？给馒头也来个可爱造型吧，南瓜味道的皮卡丘吃起来甜甜的，小朋友一定会喜爱。

营养分析：

南瓜能提高机体免疫功能，促进细胞因子生成，南瓜中的类胡萝卜素可维持正常视觉、促进骨骼发育。具有解毒、保护胃粘膜、帮助消化、促进生长发育的功效。面粉富含蛋白质、碳水化合物、维生素和矿物质，有养心益肾、健脾厚肠、除热止渴的功效。

食材：

面粉500g，酵母0.5g，南瓜250g，红曲粉、竹炭粉少许。

做法：

1.将南瓜蒸熟捣成泥与酵母粉、面粉混合。

2.揉成光滑面团盖上湿布放温暖处发酵。

3.待面团发至两倍大并呈蜂窝组织时即可。

4.揉出空气，取出两小份，一份加红曲粉，一份加竹炭粉揉匀。

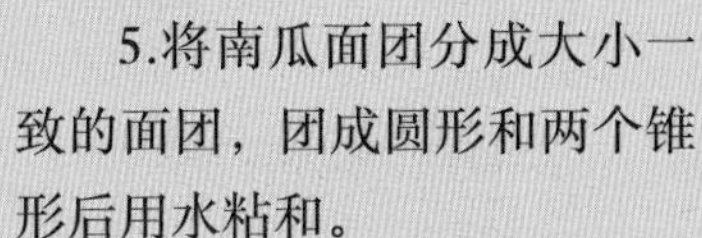

5.将南瓜面团分成大小一致的面团，团成圆形和两个锥形后用水粘和。

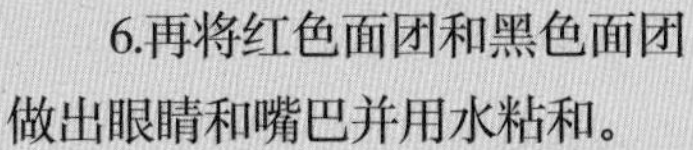

6.再将红色面团和黑色面团做出眼睛和嘴巴并用水粘和。

7.放入加了凉水的蒸锅继续醒发至两倍大小，开大火，水开后转中火蒸25分钟左右。

小贴士：

蒸馒头的时间要根据馒头的大小适当地调节，蒸好馒头后要闷2分钟左右再开盖，和面冬季用温水，夏季用冷水。

21.五彩螺旋面

五彩的螺旋面原来也可以自己做，新鲜蔬菜的营养加上QQ的口感，宝宝一定会喜欢的，绝对是营养均衡的一餐。

营养分析：

紫薯中富含硒和花青素，花青素具有很强的抗氧化作用。南瓜含有淀粉、蛋白质、胡萝卜素、维生素和钙、磷等成分，可维护视力、促进骨骼发育。菠菜富含纤维，有促进肠道蠕动。虾中富含磷、钙、对小儿有补益功效，芹菜含铁量较高，是缺铁性贫血患者的佳蔬。

食材：

南瓜泥10g，紫薯泥10g，菠菜泥10g，红曲水10g，面粉100g，虾仁20g，香菇20g，芹菜20g，食盐、蚝油适量。

做法：

1.面粉分成5份分别加入蔬菜汁揉成光滑的面团。

2.面团揪成小块搓成长条，下面铺上寿司卷帘，用一个筷子压住面团和卷帘45度左右从右，至左旋转。

3.依次做好所有的螺旋面。

4.水沸腾后下锅煮熟。

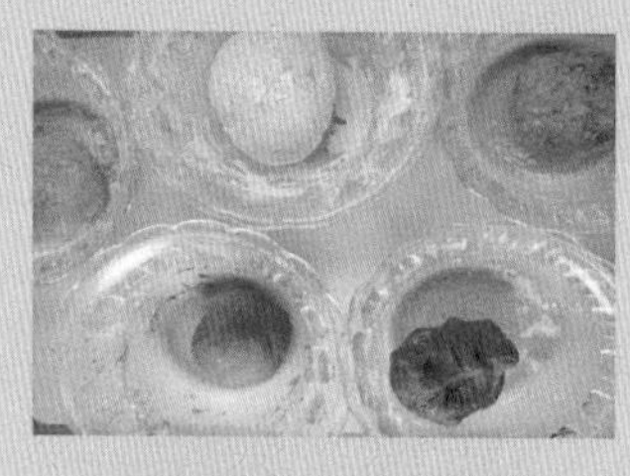

5.炒锅油热后放入虾仁炒香，接着放入香菇、芹菜、食盐炒匀。

6.捞入煮好的螺旋面，加入蚝油一起炒匀即可。

小贴士：

海鲜过敏的宝宝不要放虾仁、蚝油。

健康饮品

22.KT猫牛奶金瓜汤

KT一直都是小女生的最爱，全身上下充满可爱气息的KT最有吸引力的地方就是左耳上戴着红色蝴蝶结，还有一个圆圆的小尾巴。

营养分析：

南瓜中含有淀粉、蛋白质、胡萝卜素、维生素和钙、磷等成分。南瓜多糖能提高机体免疫功能，促进细胞因子生成，南瓜中丰富的类胡萝卜素可维持正常视力、促进骨骼的发育。牛奶含丰富的钙、维生素和氨基酸，消化率可高达98%，可阻止人体吸收食物中有毒的金属，能强健骨骼和牙齿，提高视力，促进皮肤的新陈代谢。

食材：

南瓜150g，牛奶150g，酸奶50g，巧克力果膏、草莓果膏适量。

做法：

1.南瓜蒸熟去皮。

2.加入牛奶，放料理机打成糊。

3.倒入容器中。

4.用勺子将酸奶在表面堆出KT猫的形状。

5.用装了果膏的挤酱笔画上眼睛和胡子等。

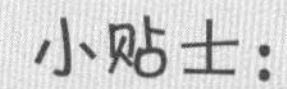

小贴士：

不会堆形状可以先用个牙签沾酸奶先画出轮廓或是做简单的挑花都可以。

23.西兰花奶油浓汤

蔬菜汤也可以解决宝宝因不爱吃蔬菜导致的营养不均衡，试着在上面玩玩拉花吧！

不管怎样拉都会是个好看的图案。

营养分析：

西兰花中不仅含有丰富的钙、磷、铁、钾、锌、锰等微量元素及维生素C，还含有丰富的抗坏血酸，能增强肝脏的解毒能力，提高机体免疫力。

食材：

西兰花200g，黄油50g，动物奶油100g，食盐少许。

做法：

1.将黄油放不粘锅融化。

2.将西兰花放入翻炒出香味。

3.用料理机加入奶油和西兰花打成糊状（留一点奶油拉花用）。

4.将打好的西兰花奶油糊倒入锅里煮开，加适量食盐即可。

5.倒入碗中，将奶油倒成多个圆圈。

6.用牙签竖着由外向里画出均匀等距离的直线即可。

小贴士：

没有奶油或者怕高热量可以用牛奶和植物油代替，汤一定要稍浓一点才好拉花。

24.大嘴猴红枣花生核桃露

宝宝正在长身体的时候很容易贫血和缺少各种微量元素，但是有的食材宝宝又不喜欢吃，我们就把它做成饮品来代替粥。

营养分析：

枣中富含钙和铁，可强健骨骼和牙齿、防治贫血、提高免疫、增强食欲。核桃仁含磷、锌、锰、胡萝卜素、核黄素等，有健脑益智作用。花生含有维生素E和一定量的锌，能增强记忆。

食材：

红枣50g，花生50g，核桃20g、酸奶少许。

做法：

1.将大枣去核，核桃取仁。

2.将锅里加适量的水放入大枣、花生、核桃煮熟后出锅稍凉。

3.将大枣去皮和核桃、花生连同煮好的汤水一起放入料理机搅拌成细腻的糊状。

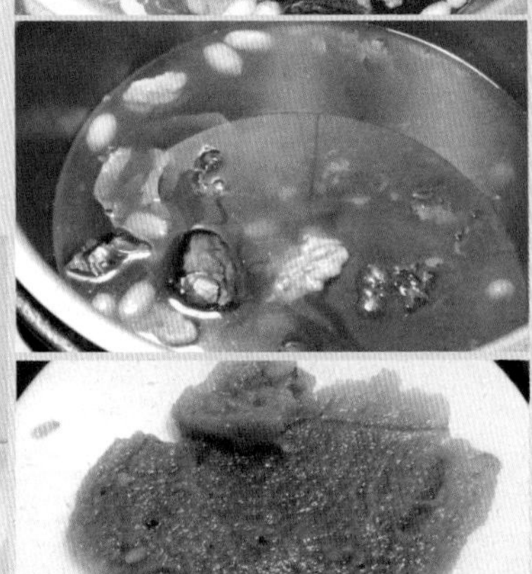

4.将酸奶插上管挤出大小不一的四个圆。

5.用筷子画出猴子的眼睛、嘴巴、牙齿。

小贴士：

枣皮中的营养都被煮到汤里了，由于枣皮口感不好最后丢弃不要。

25.糖渍金橘

春天把金橘做成一朵朵可爱的小花，
让它们在杯中尽情地绽放吧，
酸酸甜甜的味道绝不输给果珍。

营养分析：

金橘的果实中含有丰富的维生素C、金橘甙等成分，作为食疗保健品，金橘蜜饯可以开胃，饮金橘汁能生津止渴、化痰、消食，金橘能增强机体抗寒能力，可以防治感冒。

食材：

金橘500g、白砂糖50g、冰糖70g、食盐少许、清水一碗。

做法：

1.将金橘用淡盐水浸泡1~2小时。

2.取金橘等距离划几刀，压扁成花朵状，中间不要切断，用牙签将籽取出来。

3.取一干净容器，码一层金橘撒一层白砂糖，密封冷藏3~4天至瓶中白砂糖全部融化即可。

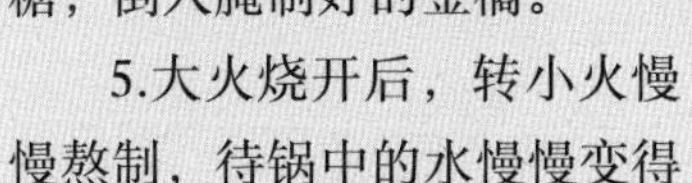

4.锅里倒入清水，放入冰糖，倒入腌制好的金橘。

5.大火烧开后，转小火慢慢熬制，待锅中的水慢慢变得黏稠，当金橘稍稍比之前的呈现透明状时，即可重新装瓶密封随用随取。

小贴士：

不含防腐剂，一次不要做太多，请尽快饮用。

节日美食

26.连年有余饺

新年新气象，给我们的饺子也换个可爱造型吧，
连年有余饺是不是很有意思呢，
小朋友们你还会把饺子包成什么惊艳造型呢？
使出你的看家本领吧。

营养分析：

萝卜有通气宽胸、健胃消食、止咳化痰、除燥生津、解毒散瘀、止泄、利尿等功效，种子中所含的芥子油对大肠杆菌等有抑制作用。莲子除含有大量淀粉外，还含有β－谷甾醇，生物碱及丰富的矿物质和维生素，有镇静、强心等多种作用。猪肉能提供人体必需的脂肪酸，可提供血红素（有机铁）和促进铁吸收的半胱氨酸，能改善缺铁性贫血。

食材：

肉馅200g 、莲子100g 、澄粉200g 、樱桃萝卜100g 、面粉100g 、胡萝卜、姜、大葱、包子饺子料、酱油 、盐、红曲粉适量。

做法：

1.把樱桃萝卜冷冻后化开挤出汁水，将莲子提前泡发。

2.挤出来的樱桃萝卜汁加适量红曲粉煮开。

3.将两种面粉混合，趁热倒入萝卜水，用手揉成光滑的面团醒片刻。

4.把樱桃萝卜、葱切成末和肉馅混合，加入酱油、食盐、包子饺子料拌匀放置片刻待充分入味。

5.将泡好的莲子煮熟。

6.醒好的面团，分成大小均匀的小块擀成片，在前端放上少许肉馅捏住中间。

7.前面放上两颗莲子捏紧。

8.后面捏紧，划三道做鱼尾巴。

9.最后用刀压出鱼尾纹，胡萝卜切片，将饺子放在胡萝卜片上入锅蒸15~20分钟。

小贴士：

将樱桃萝卜冷冻可以挤干萝卜中的水分，以免包饺子时出水，当然也可以用别的蔬菜汁染色。

27.元宵节青蛙汤圆

湖里荷花香味飘，池塘青蛙呱呱叫，
吃害虫，保庄稼，人人都要保护它。

营养分析：

糯米中含有蛋白质、脂肪、糖类、钙、磷、铁、维生素等营养物质，有补中益气，健脾养胃，止虚汗之功效，对食欲不佳，腹胀腹泻有一定的缓解作用；糯米有收涩的作用，对尿频，盗汗有较好的食疗效果。红豆中含有较多的皂角甙、膳食纤维，可刺激肠道，有利尿、润肠通便之功效。

食材：

糯米粉50g，红豆沙50g，红曲粉、竹炭粉、抹茶粉、水果适量。

做法：

1.用沸水将糯米粉烫成雪花面揉匀，分几块分别加入红曲粉等染色。

2.取一块抹茶面团擀成片，包入豆沙馅，白色面团做出眼睛，竹炭面团做成嘴巴，粉色做腮红。

3.包好的汤圆收好口稍微压扁，用水将眼睛和嘴巴沾上。

4.沸水下汤圆煮熟，最后可以放些水果。

5.煮好的汤圆和水果盛入碗

里即可。

小贴士：

汤圆一定等水沸了再下锅，稍微推动，以防沾底，糯米不易消化，故一次不宜多食。

28.元宵节轻松熊汤圆

元宵节又一款可爱的轻松熊汤圆，
是青蛙汤圆可爱呢，
还是轻松熊汤圆可爱呢？快来评评吧！

营养分析：

糯米中含有蛋白质、脂肪、糖类、钙、磷、铁等营养物质，为温补强壮食品，具有补中益气，健脾养胃，止虚汗之功效。红豆中含有较多的皂角甙和膳食纤维，有良好的利尿、润肠通便作用。

食材：

糯米粉50g，红豆沙50g，竹炭粉、红曲粉少许。

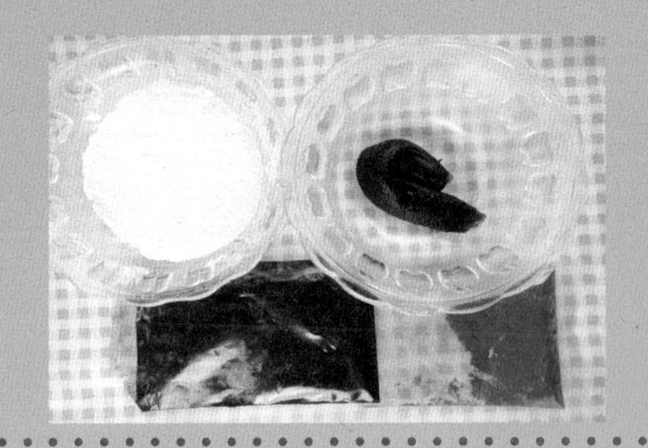

做法：

1.将糯米粉用开水烫成雪花面后揉成光滑的面团。

2.分出两小块分别上色。

3.取一块白色面团压扁包上豆沙馅收口。

4.用粉色面团和黑色面团做出耳朵、眼睛等五官。

5.沸水下锅煮熟。

小贴士：

糯米较黏不易消化，儿童一次不宜多食，生病、体虚之人慎食。

29.复活节兔子米饭

复活节是为了庆贺耶稣复活的日子，在这一天大家都会画彩蛋、做兔子，因为复活彩蛋象征新生命，春天繁殖力强的野兔也被视为复活节的一个象征，并被人们取名为邦尼兔。

营养分析：

草莓富含氨基酸、果糖、柠檬酸、果胶、维生素、烟酸及矿物质等，可促进生长发育，益智健脑，有利于消化。黄瓜中含葫芦素C可提高人体免疫。鸡蛋、鹌鹑蛋中蛋白质、脂肪、碳水化合物的含量基本相同，很适合营养不良，气血不足的少年儿童食用。

食材：

熟米饭50g，鸡蛋1只，鹌鹑蛋、黄瓜，胡萝卜、玉米青豆粒、草莓、海苔片、食盐少许。

做法：

1.黄瓜用削皮刀削片，胡萝卜切薄片。

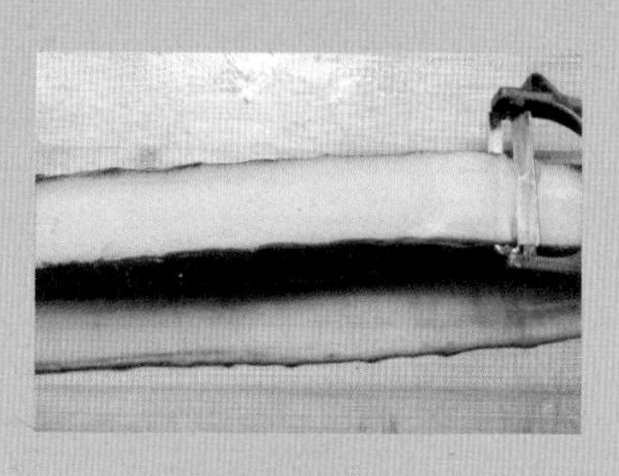

2.鹌鹑蛋煮熟，将玉米青豆粒和胡萝卜片加少许食盐焯熟。

3.鸡蛋加少许食盐炒熟。

4.米饭放进模具压实，脱模放在合适位置。

5.用胡萝卜压出兔子的衣服和头花形状，用黄瓜片将鸡蛋卷起，撒上青豆等。

6.鹌鹑蛋去壳，将胡萝卜压出兔子耳朵，将海苔压出眼睛和鼻子做成小兔子。

小贴士：

青豆可以焯熟后和鸡蛋一起炒，直接炒时间会较长，并且会失去鲜艳的色彩。

30.母亲节康乃馨馒头

母亲节小朋友都会买康乃馨送妈妈，
我看倒不如做个康乃馨馒头送妈妈，
既好看又好吃，妈妈一定会很惊喜的。

营养分析：

面粉富含蛋白质、碳水化合物、维生素和钙、铁、磷、钾、镁等矿物质，有养心益肾、健脾厚肠、除热止渴的功效。菠菜中含有大量的植物粗纤维、胡萝卜素、维生素C、钙、磷，及一定量的铁、维生素E等营养物质，具有促进肠道蠕动、帮助消化、维护视力、增强抵抗力、促进儿童生长发育，对缺铁性贫血有较好的辅助治疗作用。

食材：

面粉500g，红曲水150g，菠菜泥50g，酵母粉0.5g。

做法：

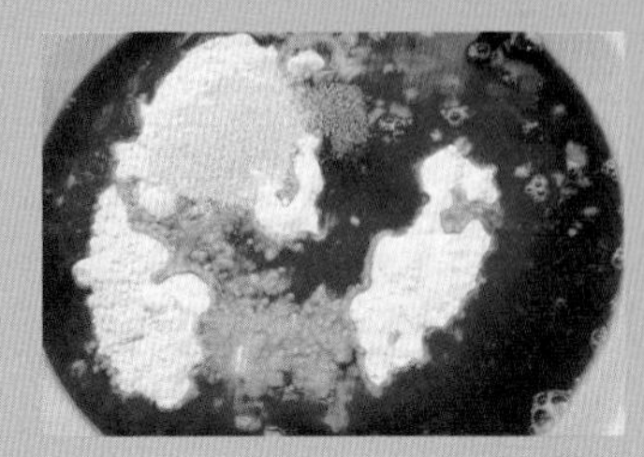

1.将面粉加入酵母粉混合均匀，取四分之三加入红曲水，剩下的加入菠菜泥揉成光滑的面团。

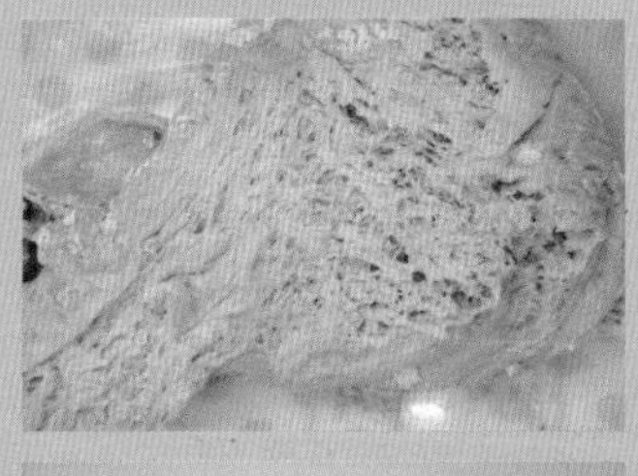

2.盖上湿布放温暖处发酵至两倍大。

3.取一小块粉色面团擀成长片。

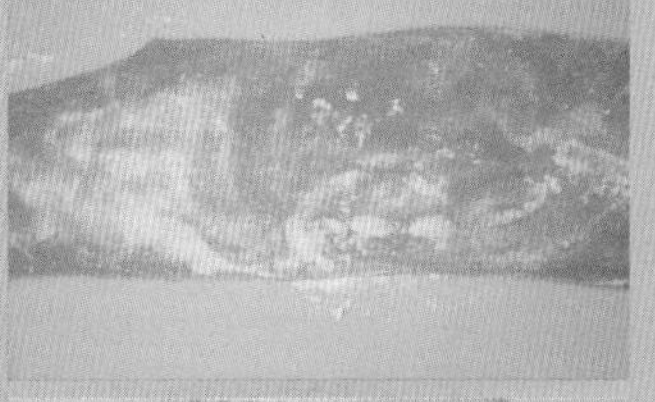

4.用波浪刀将边缘切出齿，横着从中间切两半。

5.用手从头开始边打撮边旋转捏紧下面，一条捏完再加一条继续做花瓣。

6.取菠菜面团搓五个长条压扁粘成康乃馨的花萼，用水将花朵粘在一起。

7.放冷水蒸锅醒发一会儿，开火，水沸后蒸约20分钟，闷1~2分钟即可。

小贴士：

做花型馒头为了保持形状，二次醒发至1.5倍即可，否则会变形。

31.父亲节黄玫瑰馒头

黄色是代表男性的颜色，作为父亲节专用花的黄玫瑰，代表着富贵安康，父亲节我们同样可以给亲爱的爸爸做一束可以吃的黄玫瑰，向他表达你的爱！

营养分析：

南瓜中富含锌，有益皮肤和指甲的健康，其中抗氧化剂β胡萝卜素具有护眼、护心和抗癌功效，为人体生长发育的重要物质，南瓜中所含的果胶还可以保护胃粘膜，免受粗糙食品刺激，促进溃疡愈合，加强胃肠蠕动，帮助食物消化。

食材：

面粉500g，南瓜200g，酵母粉0.5g，红曲粉、竹炭粉少许。

做法：

1.将南瓜蒸熟。

2.将面粉和酵母粉混合均匀，取400g加入南瓜泥和成面团，盖上盖子置温暖处发酵。

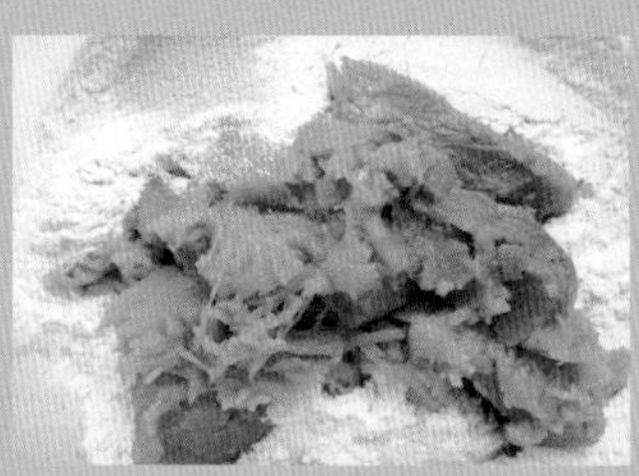

3.剩下的面粉分别加入竹炭粉和红曲粉和成面团发酵。

4.发酵好后挤出空气揉匀。

5.把南瓜面团分成大小一样的小块擀成圆片错着摞在一起。

6.将红曲面团搓成圆条放第一片面中间，从头开始卷起。

7.卷完后从中间切断整形，贴上竹炭面粉做的叶子，开火蒸熟，闷1分钟出锅。

小贴士：

叶子换成绿色的菠菜泥更好看，二次发酵不需太久，以免变形严重。

32.端午节豆沙水晶粽

端午节家家户户都会吃粽子，
但是好多人不会包，
其实包粽子非常简单。
吃过像QQ糖一样口感的QQ粽子吗？
今天我们就来做一款豆沙水晶粽。

营养分析：

西米几乎是纯淀粉，含88%的碳水化合物、0.5%的蛋白质、少量脂肪及微量B族维生素。红豆含有较多的皂角甙，可刺激肠道，因此它有良好的利尿作用，红豆有较多的膳食纤维，具有良好的润肠通便效果。

食材：

西米150g，红豆沙100g，粽叶5片，绳子5根，海苔、奶酪片少许。

做法：

1.用清水把西米淘一下捞出。

2.粽叶从下面弯成无缝无口的漏斗状。

3.盛入一半西米，放上一些豆沙。

4.最后再放些西米填满。

5.将上面多余的粽叶折过来整个包住西米，用绳子扎紧。

6.入蒸锅蒸30分钟，关火后再闷十几分钟。

7.取出后用海苔和奶酪装饰。

小贴士：

西米在水里久泡会变成糊，所以淘完就赶紧把水倒掉，包好后要检查是否漏米，蒸好的粽子检查要完全透明没有白点才算熟透。

33.中秋节花好月圆冰皮月饼

月饼界的最新宠儿——冰皮月饼，让你没有烤箱也可以做月饼，而且这么炫的外表只有冰皮月饼可以做到，赶紧做些送给亲朋好友吧！绝对让人耳目一新。

营养分析：

牛奶中含有的钙、维生素B，能增强骨骼和牙齿，提高视力。南瓜所含果胶可以保护胃粘膜，南瓜中含丰富的锌，是人体生长发育的重要物质。紫薯富含硒元素和花青素，对100多种疾病有预防和治疗作用。

食材：

澄粉100g、糯米粉50g、牛奶150g、植物油25g、白砂糖25g、熟苋菜汁10g、熟南瓜泥15g、紫薯泥15g、抹茶粉、可可粉、 紫薯馅适量。

做法：

1.将澄粉、糯米粉混合炒熟。

2.牛奶倒入干净的锅里，加入白砂糖、植物油搅拌均匀，沸腾后关火。

3.倒入炒熟的粉，快速搅拌成雪花面。

4.分成几份，分别加入熟南瓜泥、紫薯泥、抹茶粉、熟苋菜汁揉成面团醒发一会。

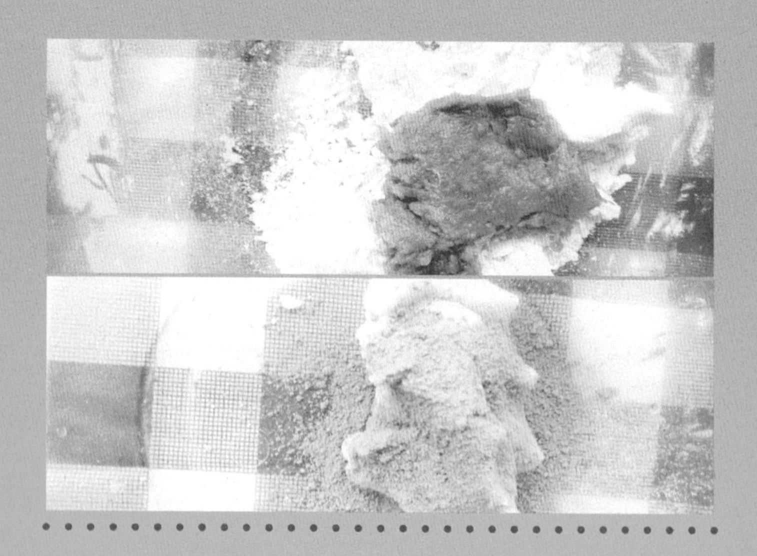

5.用模具分成大小一样的面团。

6.将紫薯馅也分割成大小一样的球。

7.取一块面团压扁成皮，放上紫薯馅捏住收口。

8.取一片花模，刷上一层香油，取一小块苋菜面团填入花朵部分，再取一小块抹茶面团填入叶子部分，将花片放回模具，把做好的月饼放入模具，垫个盘子压一下脱模。

小贴士：

把收得不好看的口朝里放进模具，压出来就会被花朵掩盖住。

34.万圣节豆沙小南瓜

南瓜是万圣节的标志性象征，
万圣节和妈妈一起做个南瓜灯，
掏出来多余的南瓜就做个糯米小南瓜吧！一点都不浪费，不要忘了提着南瓜灯去隔壁的叔叔阿姨家要糖果哦。

营养分析：

糯米中含有蛋白质、脂肪、糖类、钙、磷、铁等营养物质，为温补强壮食品，具有补中益气，健脾养胃，止虚汗之功效。南瓜内含有维生素、锌、果胶等，可起到解毒、保护胃黏膜，帮助消化的作用。红豆中含有较多的皂角甙和膳食纤维，有良好的利尿、润肠通便作用。

食材：

糯米粉120g，南瓜50g，红豆沙100g，抹茶粉少许。

做法：

1.南瓜蒸熟备用。

2.将蒸熟的南瓜去皮趁烫加到100g糯米粉中快速搅拌，盖住闷5分钟后揉成光滑的面团。

3.用10ml开水将剩下的20g糯米粉烫好，加入适量抹茶粉揉成面团。

4.将南瓜面团分成大小一样的团，压扁放上豆沙馅包住收口。

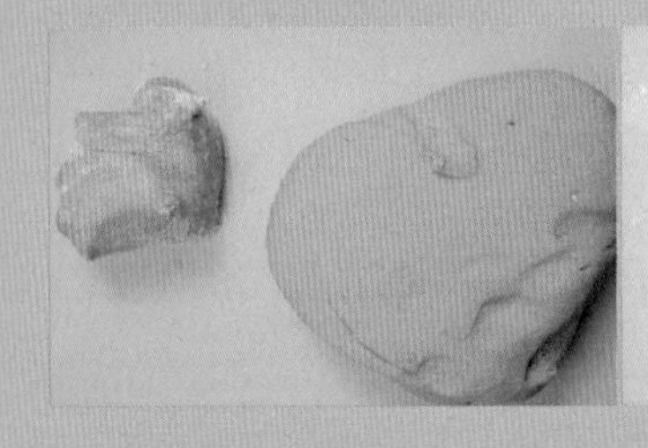

5.用刀沿着一圈压出竖纹，中间用筷子压出一个洞。

6.抹茶面团做个小细条，装在南瓜的小洞里，上锅蒸15分钟左右。

小贴士：

由于糯米较黏，难以消化，老人、小孩、病人和脾胃虚弱者不宜多食或慎食。

35.圣诞节圣诞套餐

圣诞节小朋友都想要什么礼物呢？通通告诉圣诞老人吧，他一定会实现你的愿望的，但是前提是圣诞老人喜欢听话的乖孩子哦。

营养分析：

西兰花中富含丰富的维生素C、硒、胡萝卜素，有增强免疫，利于生长发育，促进肝脏解毒的功效。而马铃薯的维生素含量是所有的粮食作物里面最全的，里面还加入了青豆、胡萝卜、玉米、鸡肉、奶酪等多重营养，足以满足成长发育中宝宝的营养需求。

食材：

圣诞树：土豆500g、西兰花750g、鸡脯肉100g、胡萝卜1根、奶酪片2片、青豆粒50g、玉米粒50g、浓汤宝1块、喜梅1个，食盐少许。

圣诞老人：熟米饭200g，海苔片、番茄酱，生菜少许。

做法：

1.土豆去皮切片蒸熟。

2.鸡脯肉切小块，西兰花摘小朵。

3.胡萝卜切片用模具压出花朵，边角料切成萝卜粒，土豆压成泥。

4.锅里水烧开，加入半块浓汤宝、食盐融化，放入西兰花、青豆粒、玉米粒、胡萝卜粒和胡萝卜花焯熟。

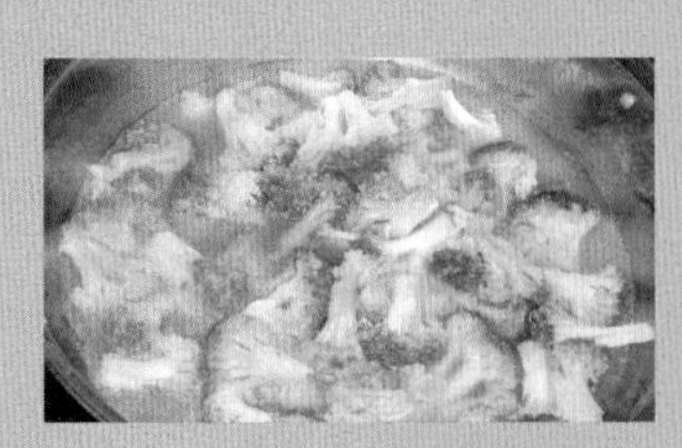

5.炒锅放油加入鸡肉粒和剩下的半块浓汤宝炒至八成熟。

6.加入青豆、玉米、胡萝卜粒、土豆泥、食盐炒熟。

7.炒好的土豆泥盛入水杯内压实倒扣入盘中。

8.戴上一次性手套整理成圆锥形。

9.将西兰花插在外面，放上玉米粒、青豆粒、胡萝卜花、奶酪雪花装饰成圣诞树。

10.用保鲜膜将米饭团成圣诞老人的形状。

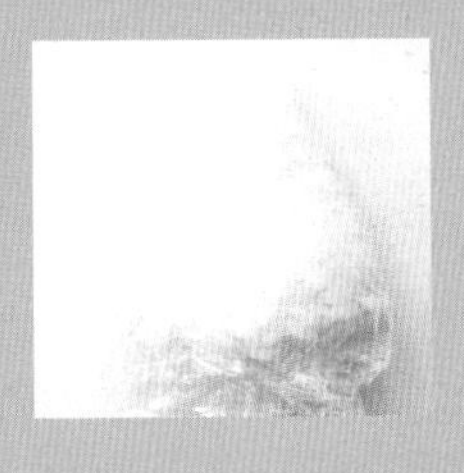

11.喜梅去皮，将大红色的皮盖在帽子上，帽子边沾上一圈米饭做帽檐儿。

12.脸上刷上薄薄的一层番茄酱。

13.用白米饭沾上两个眉毛，团一个加了番茄酱的圆球做鼻子，用勺子在脸周围摊出胡子，海苔剪出眼睛，贴上红嘴唇，圣诞老人米饭就完成了。

小贴士：

喜梅是一种红皮的水果，可以用番茄皮或番茄酱代替。

36.圣诞节圣诞蛋糕

圣诞节天空飘起了雪花，圣诞老公公驾着驯鹿车驮着一个大袋子来给宝宝发礼物了，期待吗？记得每年都要给圣诞老公公写信告诉他你想要的礼物哦。

营养分析：

面粉中富含蛋白质、碳水化合物、维生素和钙、铁、磷、钾、镁等矿物质，有养心益肾、健脾厚肠、除热止渴的功效。牛奶含钙量高，吸收好，牛奶中含有的维生素B_2，可以促进皮肤的新陈代谢。鸡蛋中的磷很丰富，但钙相对不足，所以，将奶类与鸡蛋共同食用可营养互补。

食材：

鸡蛋250g、低筋面粉85g、色拉油40g、牛奶40g、细砂糖（蛋白）60g、细砂糖（蛋黄）30g、芒果300g、草莓200g、鲜奶油、巧克力软膏、椰丝、糖粉、糖珠适量。

做法：

1.将蛋清蛋白分离。

2.将糖分次加入蛋白并打至硬性发泡。

3.蛋黄加入细砂糖打散。

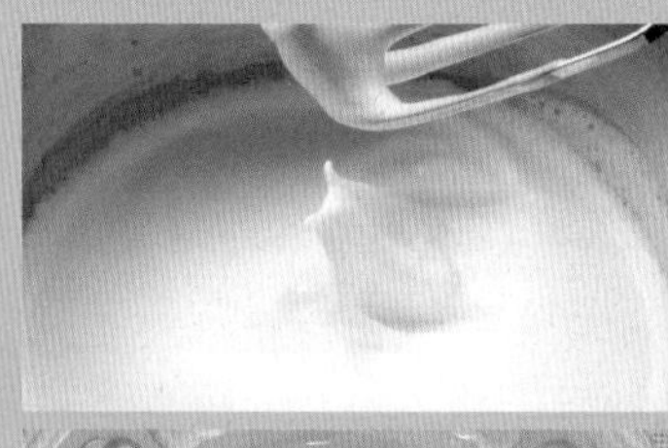

4.加入牛奶和色拉油拌匀，继续筛入低筋面粉拌匀。

5.将蛋白糊挖出一半和蛋黄糊上下翻匀，接着放入剩下的蛋白糊一起拌匀。

6.倒入模具震出大气泡，放入预热好的烤箱调至170℃烤1小时左右。

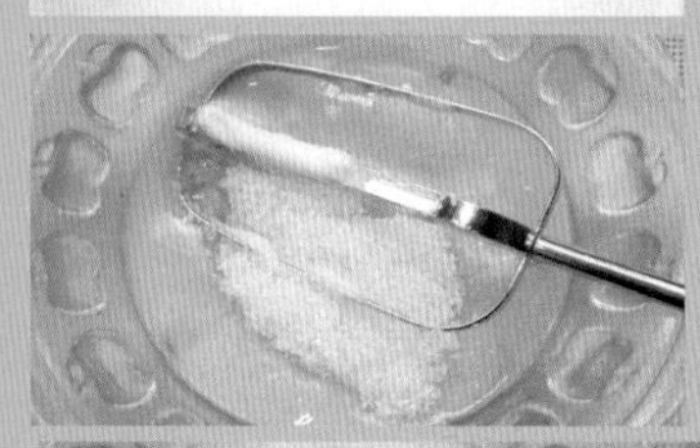

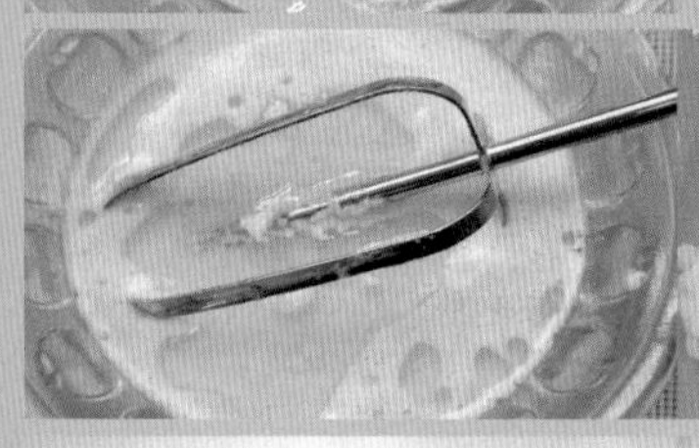

7.巧克力软膏擀成皮，用各种模具压出所需的造型。

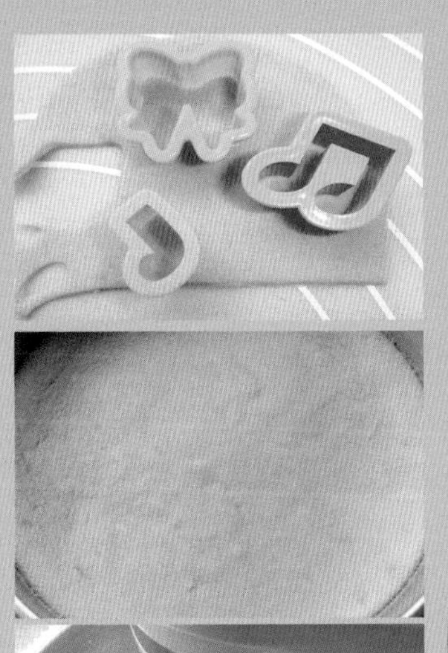

8.蛋糕烤好后倒扣至完全冷却方可脱模。

9.将奶油打发，蛋糕从中间剖开抹上一层奶油，放一层芒果。

10.盖上另一片蛋糕，用裱花袋装上奶油挤满蛋糕表面，用抹刀抹平，用花嘴挤出围边。

11.最后放上所有装饰即可。

小贴士：

搅拌面糊时不可以画圈，以免出筋。

甜蜜烘培

37.黑森林蛋糕

每年的樱桃季都非常短，
所以一定不要错过这款经典的黑森林蛋糕哦，
让巧克力和樱桃的完美搭配在舌尖美妙绽放。

营养分析：

樱桃中含糖、枸橼酸、酒石酸、胡萝卜素、维生素C、铁、钙、磷等成分，有促进血红蛋白再生的作用，对贫血患者、儿童缺钙、缺铁均有一定的辅助治疗作用。

食材：

低筋面粉95g、鸡蛋150g、植物油25g、鲜奶油500g、樱桃适量、巧克力500g、草莓200g、可可粉5g、细砂糖75g+50g。

做法：

1.鸡蛋和75g细砂糖放入打蛋器里快速打发。

2.打至滴落的蛋糊不是那么容易消失即可。

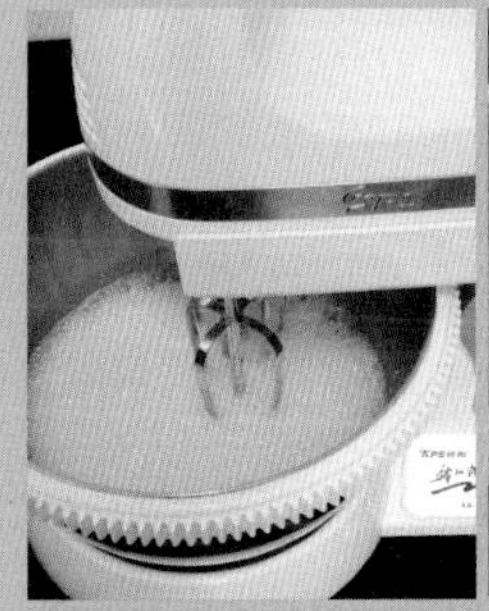

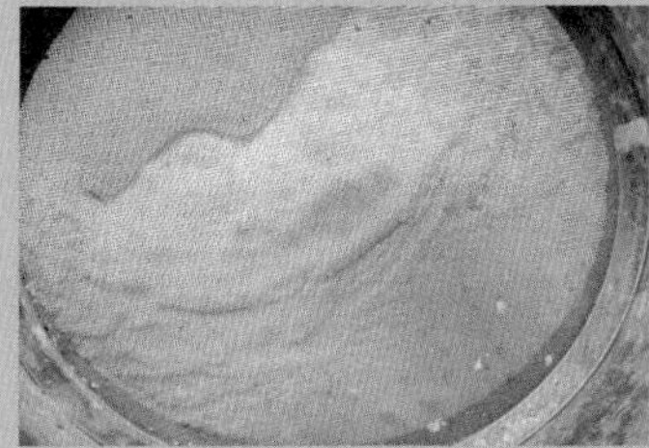

3.低筋面粉分次筛入蛋糊中上下拌匀。

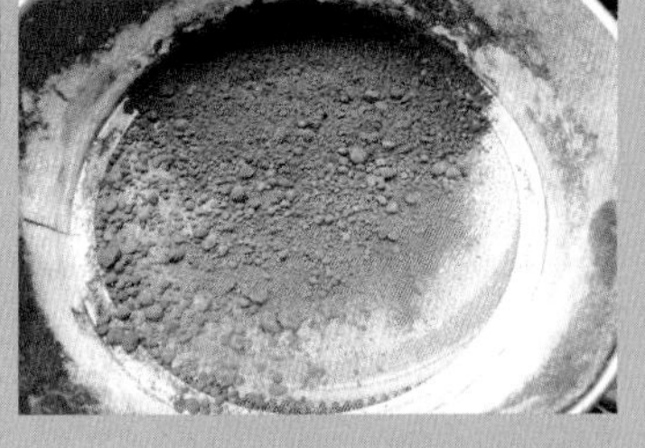

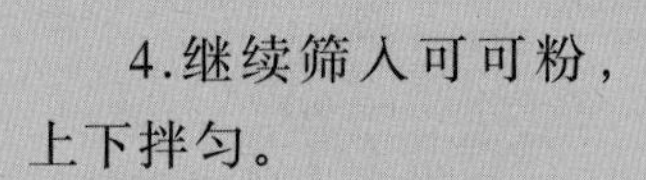

4.继续筛入可可粉，上下拌匀。

5.加入植物油拌匀。

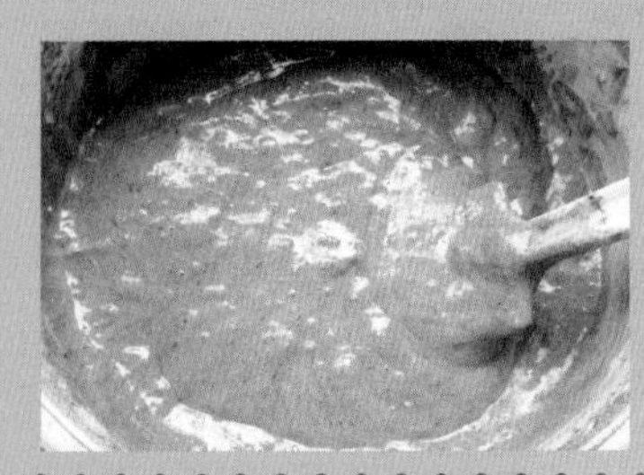

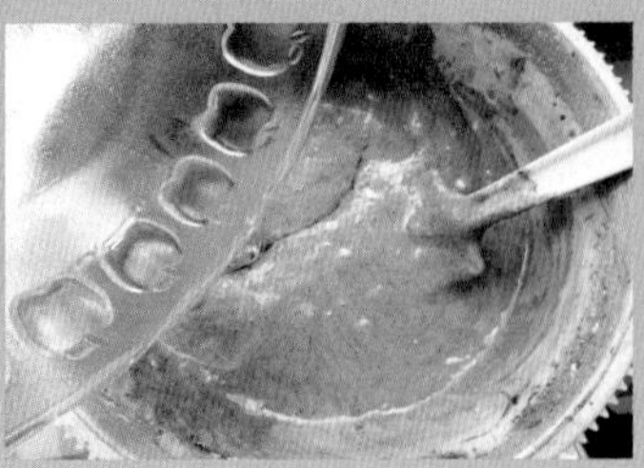

6.将面糊倒入模具震出大气泡，放入预热好的烤箱，调至180℃烤35分钟左右，冷却后即可脱模。

7.加入50g奶油和50g细砂糖打发。

8.将蛋糕剖开抹一层奶油，放上草莓，盖上蛋糕，再抹上一层奶油盖住整个蛋糕即可。

9.将巧克力刮成屑，均匀洒在蛋糕上，侧面借助勺子往上贴。

10.最后用曲奇嘴挤上奶油，放上樱桃装饰即可。

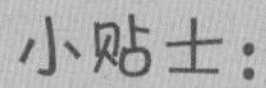

拌面糊的时候不要转圈搅拌，以免面粉出筋影响松软口感。

38.猫头鹰饼干

小朋友知道猫头鹰吗？
脸长得像小猫一样可爱，
爪子像鹰一样锋利，
黑夜里扑闪着两只炯炯有神的大眼睛，
保护庄稼全靠它。

营养分析：

低筋面粉的主要营养成分为蛋白质、碳水化合物。人体对鸡蛋蛋白质的吸收率可高达98%，每百克鸡蛋含脂肪11～15克，主要集中在蛋黄里，也极易被人体消化吸收，蛋黄中含有丰富的卵磷脂、固醇类、蛋黄素以及钙、磷、铁、维生素等，鸡蛋是较好的健脑食品。

食材：

低筋面粉200g、黄油100g、糖粉80g、蛋液30g、巧克力软膏、果酱、玉米淀粉少许。

做法：

1.黄油软化后打发。

2.将糖粉和蛋液分两次加入搅匀后，加入过筛的低筋面粉混合均匀，用保鲜膜包住冷藏30分钟以上。

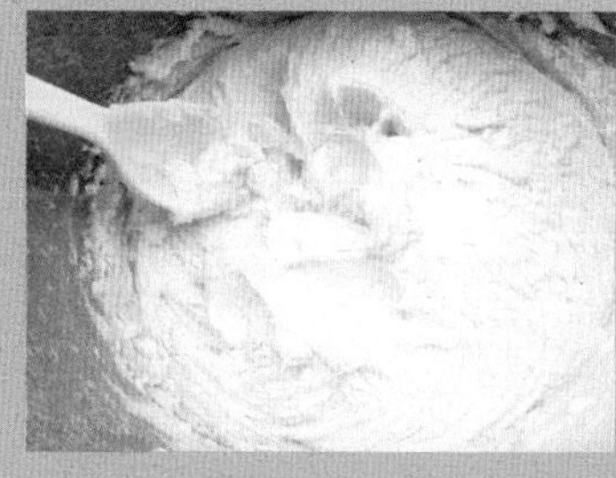

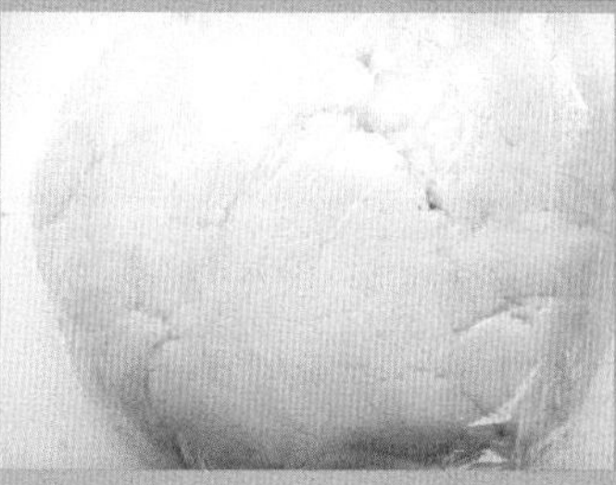

3.取一硬纸片画出猫头鹰剪下。

4.将饼干面团擀成薄片，比着猫头鹰划出饼干形状。

5.烤箱预热，调至150℃烤20分钟左右。

6.取出巧克力软膏加少许玉米淀粉擀成薄片。

7.刻出猫头鹰的形状。

8.饼干上涂抹少许果酱，将巧克力盖在饼干上贴合，然后用巧克力膏做出猫头鹰的眼睛等。

小贴士：

烤饼干的温度不宜太高，以免烤糊，做巧克力要控制好手部温度，尽量快。

39.蘑古力

采蘑菇的小姑娘，背着一个大箩筐，
清早光着小脚丫走遍树林和山岗……
小朋友一定都喜欢吃蘑古力吧，
一口一个的小蘑菇真是可爱极了，
今天我们就来亲手DIY蘑古力吧，
模具就是平时废弃的元宵底托哦。

营养分析：

面粉中富含蛋白质、碳水化合物、维生素和钙、铁、磷、钾、镁等矿物质，有养心益肾、健脾厚肠、除热止渴的功效。鸡蛋含易被人体吸收的优质蛋白，营养丰富。

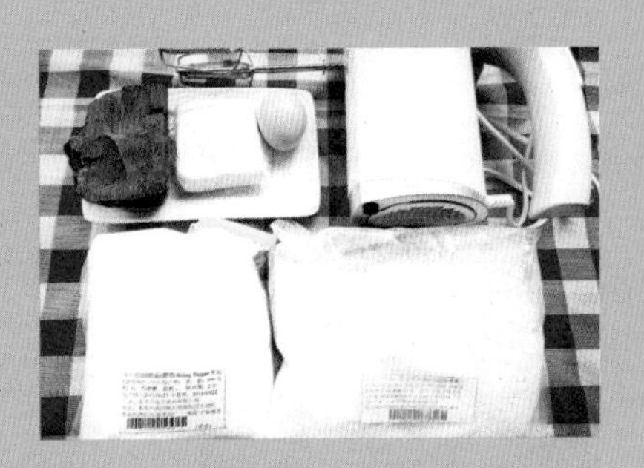

食材：

黄油50g，低筋面粉100g，蛋液15g，糖粉40g，巧克力200g，巧克力软膏适量。

做法：

1.黄油软化后打发。

2.分两次加入糖粉和蛋液搅匀，筛入低筋面粉混合均匀，用保鲜膜包住醒发30分钟以上。

3.取出面团搓成上细下粗的条，倒放在烤盘上，烤箱预热，调至160℃烤20~25分钟左右。

4.巧克力隔水融化，水温40~50℃。

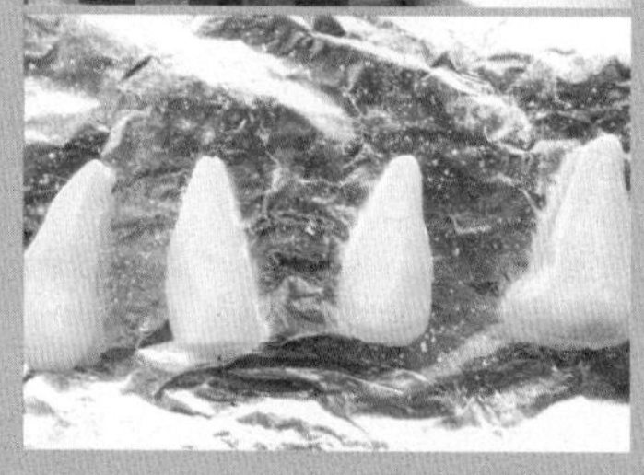

5.将融化好的巧克力倒入模具，快凝固时小头朝下放上饼干入冰箱冷藏5分钟脱模。

6.取适量巧克力软膏搓成小球按到小蘑菇上即可。

小贴士：

巧克力软膏做法：100g巧克力融化加50g麦芽糖拌匀即可。饼干很容易烤煳，烤箱温度不能设置太高。

40.巧克力海绵蛋糕

把蛋糕包成礼物的形状送给过生日的小朋友吧，
看春花烂漫的季节，
小蜜蜂们在花丛间快乐的舞蹈，
它们是在庆祝宝贝的生日呢。

营养分析：

草莓中的胡萝卜素是合成维生素A的重要物质，具有明目养肝的作用，草莓对胃肠道疾病和贫血均有一定的滋补调理作用。

食材：

鸡蛋300g，低筋面粉200g，细砂糖150g，植物油或融化的黄油50g，奶油、草莓适量、巧克力软膏500g。

做法：

1.鸡蛋和细砂糖全部放入打蛋桶打发。

2.至滴落的蛋糊不是那么容易消失即可。

3.筛入低筋面粉，用橡皮刮刀上下翻动。

4.倒入植物油继续翻动，上下翻匀即可。

5.将蛋糕糊倒入铺有油纸的烤盘，用力震出气泡，放入预热好的烤箱，调至180℃烤15~25分钟。

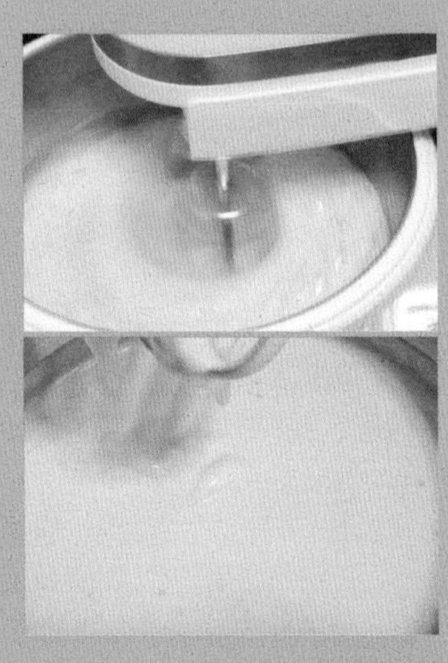

6.出炉晾凉，从中间切开，将奶油打发涂在蛋糕上，撒上草莓粒，盖上另一片蛋糕。

7.用巧克力膏擀成大小、薄厚适中的皮。

8.蛋糕表面涂一层奶油，盖上巧克力皮切掉多余的部分。

9.用翻糖工具在巧克力皮上压出需要的花朵和叶子用水粘在蛋糕上，可以再加些小动物。

小贴士：

巧克力软膏做法：巧克力100g隔水融化，加入50g麦芽糖拌匀晾凉，最后撒些玉米淀粉防粘。

41.巧克力手指饼干

这款饼干口感酥脆，制作简单，
可以给宝宝作为磨牙小零食，
缤纷的色彩充满了节日的气氛。

营养分析：

鸡蛋中含有丰富的蛋白质、脂肪、维生素和铁、钙、钾、DHA、卵磷脂、卵黄素等营养物质，对身体发育有利，能健脑益智，改善记忆力，并促进肝细胞再生。面粉中富含蛋白质、碳水化合物、维生素和钙、铁、磷、钾、镁等矿物质，有养心益肾、健脾厚肠、除热止渴的功效。

食材：

低筋面粉130g，蛋液50g，糖粉30g，黄油10g，巧克力200g，装饰糖适量。

做法：

1.黄油软化后和蛋液、糖粉混合，用打蛋器稍微搅拌不要打发。

2.倒入低筋面粉揉成较硬的面团静置半小时。

3.把松弛好的面团擀成片，切成细长条放入预热好的烤箱，调整至180℃烤25分钟左右。

4.巧克力用50℃左右的水隔水融化。

5.将手指饼干均匀沾上巧克力液，撒上装饰糖冷藏片刻即可。

小贴士：

糖粉不可用砂糖代替，将砂糖用料理机打成粉末即可。烤箱设置的温度和烤制时间根据需要进行调节。

42.小兔子翻糖饼干

妈妈可以和宝宝一起动手制作这款可爱的小兔子翻糖饼干，锻炼宝宝的想象力和手眼协调能力。

这么萌的饼干只有自家可以出品呢，

宝宝们拿一些去和好朋友们一起分享吧。

营养分析：

黄油的营养是奶制品之首，牛奶炼成的黄油营养更加丰富，含维生素、矿物质、脂肪酸、醣化神经磷脂、胆固醇等物质。鸡蛋中富含易被人体吸收的优质蛋白和丰富的氨基酸。

食材：

黄油100g，低筋面粉200g，蛋液30g，糖粉80g，翻糖、蓝莓酱、食用色素适量。

做法：

1.黄油软化打发，将糖粉分两次加入。

2.蛋液分两次加入打匀。

3.筛入低粉揉成面团，用保鲜膜包好冷藏30分钟以上。

4.取出面团盖上保鲜膜擀成薄片。

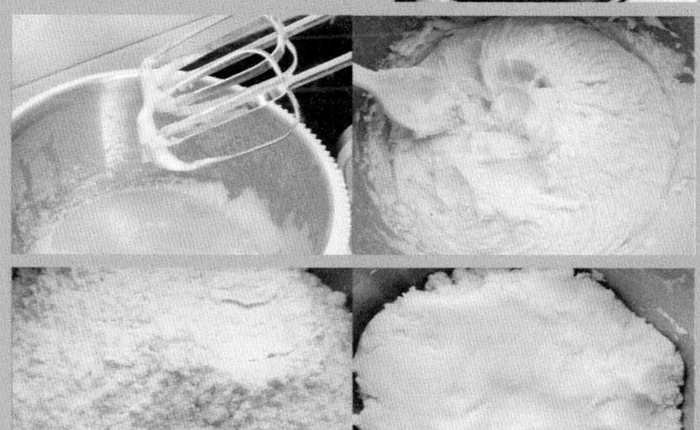

5.用模具压出形状，放入预热好的烤箱中，调至180℃烤15分钟左右。

6.将翻糖盖上保鲜膜擀成薄片，用模具压出形状。

7.饼干涂上一层果酱盖上糖皮。

8.取一些糖皮染色，擀成薄片压出需要的形状装饰。

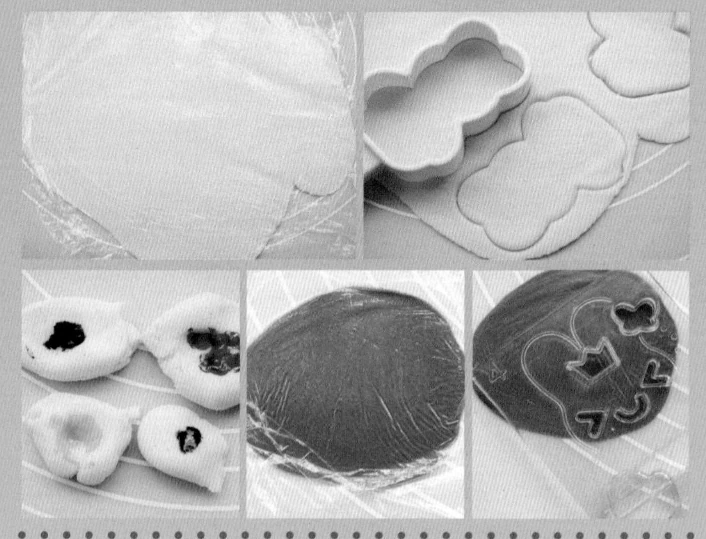

小贴士：

饼干容易烤煳，要根据自己的烤箱和饼干薄厚程度调节时间和温度，饼干整体营养不够均衡，所以不要过多食用。吃饼干时，要多吃蔬菜和水果，多喝水，防止上火，糖皮尽量少食或丢弃。

趣味卡通餐

43.龙猫米饭

宫崎骏的《龙猫》这部影片充满了童话色彩和亲情的温馨，把我们成功地带入了一个梦幻般的童话世界。

现在就让我们用美食给孩子们营造一个童话的世界吧！

营养分析：

海苔粉中富含碘、胆碱、钙、铁等营养物质，可预防缺碘、增强记忆、治疗贫血、促进骨骼和牙齿的生长和保健。虾的营养丰富，易消化，富含磷、钙，对小儿有补益功效。黄瓜中含有的葫芦素C具有提高人体免疫功能的作用。

食材：

米饭150g，青豆混合菜150g，虾仁80g，黄瓜丁50g，鹌鹑蛋4个，海苔粉、奶酪片、海苔、食盐少许。

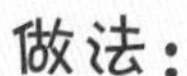

1.提前将鹌鹑蛋煮熟，海苔切出所需形状。

2.炒锅油热后放入青豆混合菜翻炒至五成熟。

3.放入黄瓜丁和虾仁、食盐炒熟。

4.用鹌鹑蛋和奶酪片、海苔做出小龙猫。

5.米饭和海苔粉拌匀。

6.用保鲜膜团出龙猫的身体和胳膊。

7.用奶酪片和海苔做出龙猫的肚子、嘴巴、眼睛等。

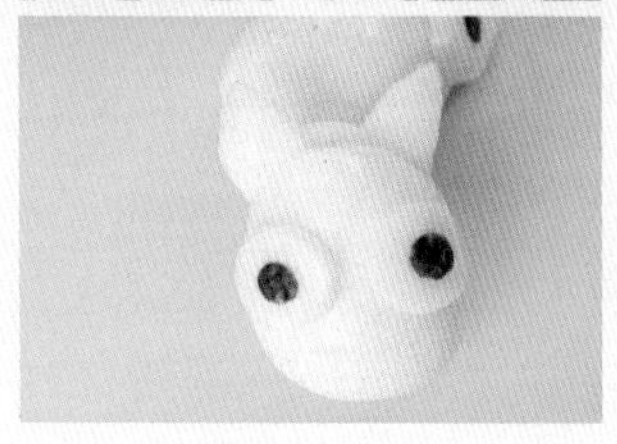

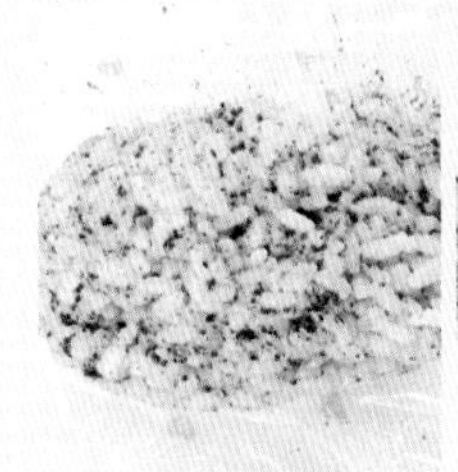

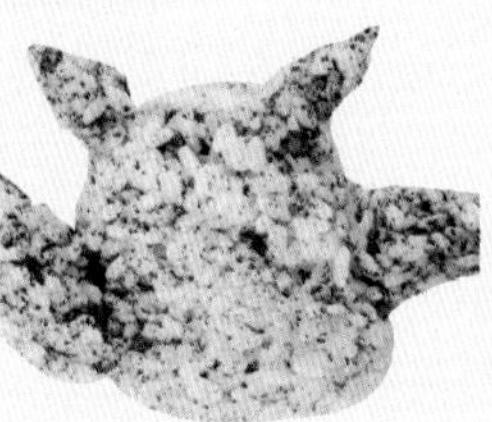

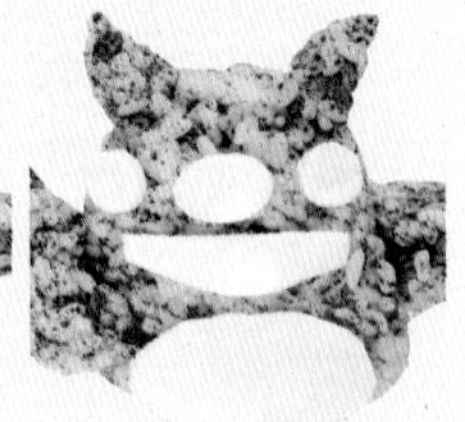

小贴士：

米饭要蒸得软一点，先在锅里保温，等其他配件都完成后再做米饭造型。

44.星星三文治

竹子开花喽喂，咪咪躺在妈妈的怀里数星星。
星星啊星星多美丽，明天的早餐在这里。

营养分析：

面包中含有蛋白质、脂肪、碳水化合物等物质，易于消化吸收。圣女果中含有谷胱甘肽和番茄红素等特殊物质，可促进小儿的生长发育，增加抵抗力，番茄红素可保护人体不受香烟和汽车废气中致癌毒素的侵害，并可提高人体的防晒功能。蓝莓中的花青素可促进视网膜细胞中视紫质的再生成，可预防重度近视及视网膜剥离，并可增进视力。

食材：

吐司面包6片、鸡蛋1只、小番茄2个、蓝莓果酱、海带、生菜适量。

做法：

1.将鸡蛋、海带煮熟。

2.吐司放热水锅上加热十几秒。

3.取一片吐司中间涂上果酱盖上另一片吐司。

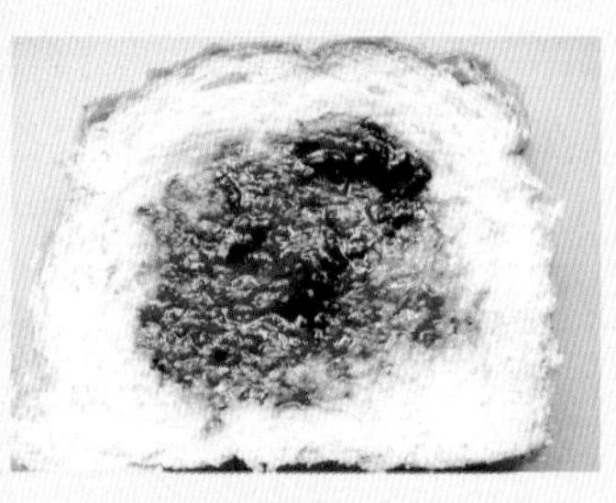

4.用模具压下去脱模。

5.用模具在海带上切出眼睛、嘴巴放在合适位置。

6.继续切出熊猫的耳朵、眼睛和瓢虫需要的形状。

7.鸡蛋晾凉剥皮，上面开两个小口放上耳朵，再将眼睛嘴巴放在合适位置，番茄对半切开，将海带放在番茄上即可，眼睛取一点吐司边角料沾上。

小贴士：

果酱不可涂太满，容易收不住口，鸡蛋多煮一个备用。

45.害羞兔米饭

小白兔白又白，两只耳朵竖起来，
爱吃萝卜和青菜，蹦蹦跳跳真可爱。
看，可爱的小兔子都有些害羞了呢。

营养分析：

番茄中所含的番茄红素具有独特的抗氧化作用。鸡蛋中含蛋白质、人体必需的八种氨基酸、脂肪、矿物质，有较高的营养价值和一定的医疗效用。生菜茎叶中含有莴苣素，具有镇痛催眠作用。胡萝卜含有大量的胡萝卜素、植物纤维、维生素A有补肝明目的作用，可加强肠道的蠕动，维生素A是骨骼正常生长发育的必需物质，可增强抵抗、促进婴幼儿生长发育。

食材：

大米200g，番茄1个、鸡蛋1只、胡萝卜、生菜、海苔、食盐适量。

做法：

1.米饭蒸熟备用。

2.将鸡蛋和番茄加食盐炒熟。

3.胡萝卜在盐水中焯熟备用。

4.米饭盛入小煎锅压出兔子形状。

5.将米饭倒扣入盘中，用生菜在旁边围一圈。

6.将番茄炒蛋盛在生菜里面。

7.将海苔剪出兔子眼睛，用模具将胡萝卜切出花形装饰。

小贴士：

可以借助手边有的模具来给米饭造型，比如宝宝的好多玩具垫上保鲜膜都可以给米饭做造型。

46.海绵宝宝米汉堡

可爱的海绵宝宝可是蟹堡王里的头号厨师，
今天海绵宝宝就来教大家如何做个米汉堡吧。

营养分析：

鹌鹑蛋中丰富的蛋白质、维生素A、铁、磷、钙等可补气益血，强筋壮骨，适合体质虚弱，营养不良的生长发育者食用。奶酪片中的钙很容易被吸收，能增进抵抗力，促进代谢，保护眼睛健康，并能增加牙齿表层的含钙量起到抑制龋齿的作用。胡萝卜含有大量的胡萝卜素、植物纤维、维生素A，有补肝明目、润肠通便的功效。鸡肉中富含易被人体吸收的蛋白质，有增强体力，强壮身体的作用。

食材：

大米150g，鸡脯肉泥100g，鹌鹑蛋1个、胡萝卜、小番茄、生菜、奶酪片、海苔、玉米淀粉、食盐、酱油适量。

做法：

1.米饭蒸熟，将鸡肉泥、胡萝卜粒、玉米淀粉、食盐、酱油一起拌匀入味。

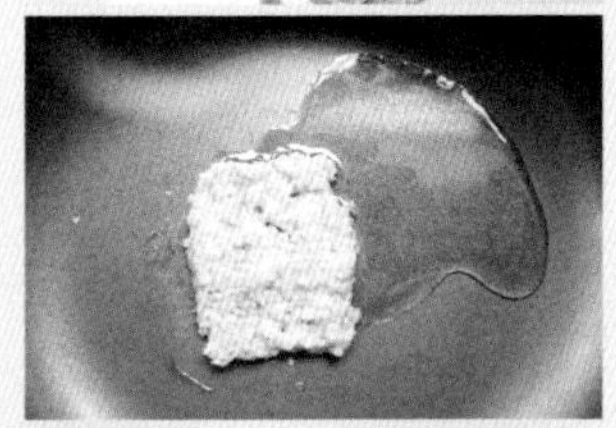

2.取腌制好的肉泥压成方形肉饼煎熟。

3.将鹌鹑蛋煎熟。

4.找一方形盒盖填入米饭压紧扣出来。

5.放上肉饼、鹌鹑蛋、生菜，再做个方形米饭盖上面。

6.用奶酪片、海苔、熟胡萝卜片做出海绵宝宝的形状盖在上面，周围摆上小番茄即可。

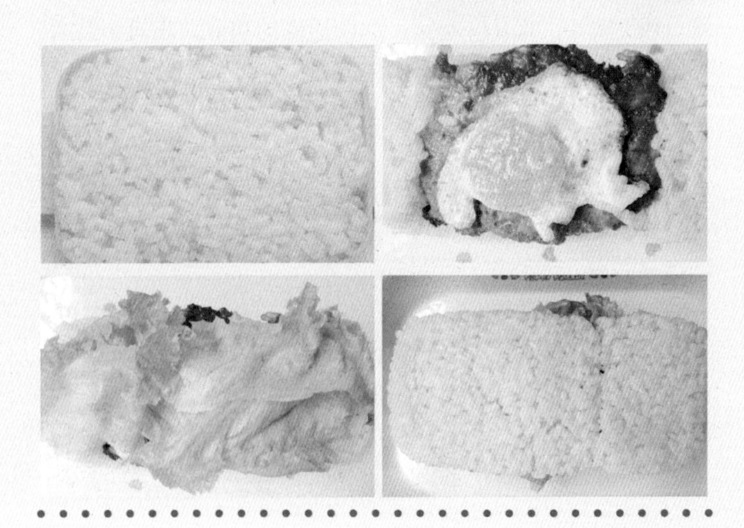

小贴士：

肉饼要小于米饭一圈，海苔形状提前剪好，奶酪接触空气时间长会干掉。

47.彩色饭团

今天来变个魔法吧，
给米饭穿上彩色的衣服是不是更加有食欲呢，
并且增加了蔬菜的营养呢。

营养分析：

大米味甘性平，具有健脾养胃、益精强志、聪耳明目之功效。菠菜中含有的B族维生素能够防止口角炎、而β胡萝卜素能防治夜盲症等维生素缺乏症的发生。胡萝卜中含有的大量胡萝卜素可促进生长发育，增强抵抗力，促进肠道蠕动。紫甘蓝中含有的花青素甙和纤维素有助于清除体内的自由基，促进新陈代谢。核桃中的脂肪和蛋白可促进大脑发育。巴旦木具明目的作用。

食材：

大米 350g 、糯米 70g 、菠菜 20g 、紫甘蓝 60g 、胡萝卜 20g 、南瓜 20g 、核桃 20g 、巴旦木 20g 、红枣 20g 、白醋 5ml 、碱面 0.5g 。

做法：

1.将菠菜、胡萝卜、紫甘蓝、南瓜榨汁。

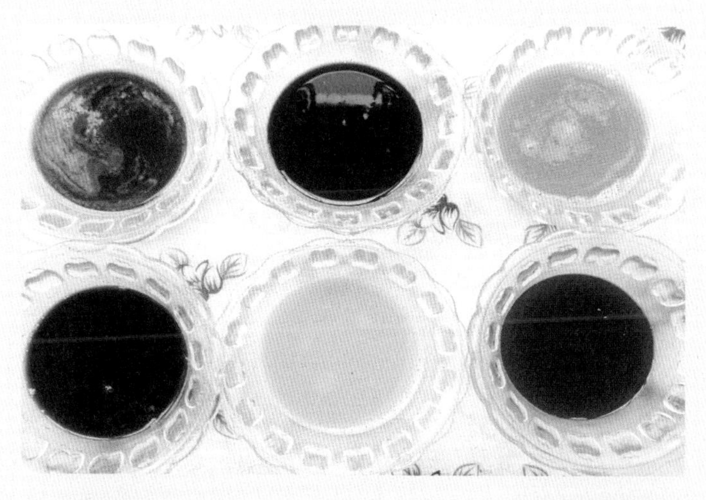

2.紫甘蓝汁分成三份，一份加入白醋、一份加入碱面。

3.将大米和糯米混合均匀分成6份，分别加入蔬菜汁泡30分钟上锅蒸熟。

4.几种米饭混在一起加入核桃、红枣、巴旦木团成饭团。

小贴士：

如果蒸锅够大，直接将泡米的碗和蔬菜汁一起蒸熟效果更好且更粘。

48.黄金美帽饭

夏天到了，
小朋友们一定都想要一顶漂亮的遮阳帽吧？
出门戴上帽子可以防止太阳晒伤我们娇嫩的肌肤哦，
和妈妈一起用米饭来做出你独一无二的漂亮帽子吧！

营养分析：

荷兰豆中含丰富的蛋白质、矿物质，具有益脾和胃、生津止渴、和中下气、清肠、防止便秘等功效，能增强宝宝的抵抗力，补充钙质，促进生长发育。

食材：

熟米饭300g、鸡蛋2只、荷兰豆50g、青豆混合菜100g、大虾100g、蟹肉棒3根、XO酱1勺、红曲粉、盐、玉米淀粉适量。

做法：

1.将大虾去壳挑去虾线。

2.荷兰豆去丝切碎。

3.取蛋黄打散倒入米饭中拌匀。

4.将蟹肉棒和青豆混合菜、虾仁煮熟。

5.炒锅油热后倒入米饭加少许食盐炒匀取出。

6.油热后放入荷兰豆翻炒，加入青豆混合菜、蟹肉棒、食盐，放入一半炒好的米饭和XO酱拌匀即可。

7.将剩下的米饭取一部分填入碗中压一层壳，中间填入有菜的米饭压实，倒扣入盘中，旁边继续用剩下的米饭堆出帽檐儿。

8.蛋清打散加红曲粉和玉米淀粉摊成蛋饼。

9.切成长条连体花瓣，从头卷起用便当叉固定成花朵装饰在米饭上即可。

小贴士：

倒扣的时候要先用盘子盖住碗再反过来即可。

49.愤怒的小鸟蒸饺

风靡一时的愤怒的小鸟来了，
咱们今天把它做成了可爱的蒸饺，
来玩个现实版的愤怒的小鸟吧，
一定要保护好鸟蛋不要被小猪偷了去哦。

营养分析：

紫甘蓝中含有的花青素甙和纤维素有助于清除体内的自由基，促进新陈代谢。南瓜中含有淀粉、蛋白质、胡萝卜素、维生素和钙、磷等成分。南瓜多糖能提高机体免疫功能，促进细胞因子生成，南瓜中丰富的类胡萝卜素可维持正常视力、促进骨骼的发育。猪肉可提供优质蛋白质、必需的脂肪酸、血红素（有机铁）和促进铁吸收的半胱氨酸，能改善缺铁性贫血。

食材：

糯米粉50g，澄粉100g，瘦猪肉馅200g，植物油30ml，水150g，紫甘蓝，南瓜，竹炭粉、红曲粉、抹茶粉，豆瓣酱，榨菜适量。

做法：

1.紫甘蓝榨汁加少许碱面（蓝色）、南瓜蒸熟捣泥备用（黄色）。

2.锅里放水加食用油烧开。

3.将六分之五的糯米粉和澄粉筛入开水中迅速搅拌成雪花面揉成光滑的面团，分成几份，分别加入竹炭粉、南瓜泥、红曲粉、抹茶粉调色。

4.紫甘蓝汁烧开加入六分之一面粉搅成蓝色雪花面，揉成面团。

5.将榨菜切碎加入肉馅和豆瓣酱。

6.取出一块面团擀成皮，放上馅收口，团成需要的形状。

7.取黑色面团捏出小鸟的尾巴，用水沾上。

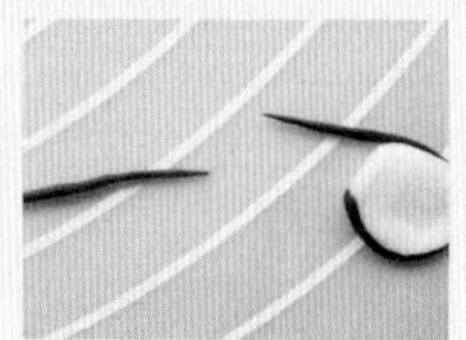

8.竹炭面团搓细条，在眼睛外面围一圈线条。依次做出嘴巴和脸蛋。

9.照此法做出其他几只小鸟和小猪，上锅蒸15~20分钟即可食用。

小贴士：

榨菜和豆瓣酱都是咸的，所以不用加盐了。

50.米奇红烩牛肉饭

欢迎来到米奇妙妙屋，呵呵，

我是你们的好朋友米奇，米斯嘎，木斯嘎，米老鼠！我们需要帮忙的时候要找谁呢？

对，土豆，跟我一起喊："哦，土豆！"

营养分析：

牛肉中富含肌氨酸、维生素B_6、肉毒碱、蛋白质、锌、钾、镁、铁等营养物质，可强身健体，增强免疫力，牛肉中富含铁质，铁是造血必需的矿物质。口蘑富含硒和大量植物纤维，可提高免疫力、防止便秘。土豆含大量淀粉以及蛋白质、B族维生素、维生素C等成分，能促进脾胃的消化功能。 土豆是碱性蔬菜，有利于体内酸碱平衡。

食材：

大米200g、牛里脊200g、草菇100g、土豆200g、西兰花50g、红烩料2块、海苔1张、黑芝麻、食盐少许。

做法：

1.将大米蒸熟。

2.把牛里脊、草菇切片，土豆切块。

3.炒锅油热后放入牛里脊翻炒至六成熟，加入土豆块翻炒片刻后加入1小碗水。

4.放入红烩料搅拌至融化，放入草菇加食盐炖熟，出锅。

5.西兰花用盐水焯熟。

6.米饭填满模具压实，倒扣入盘子里脱模。

7.把海苔剪出需要的形状，用黑芝麻和海苔装饰。

8.将菜盛在周围即可。

小贴士：

剪海苔不熟练的话，可以先用纸剪好形状比着。

51.妈妈的怀抱

妈妈就像月亮散发出温柔的光，我们像迷途的羊依偎在你的身旁，你的手轻拍着我的背，为我轻轻歌唱，让我幸福成长，你的爱像月光那么温柔又慈祥，在你的怀抱中是最幸福的时光，你的爱像月光给我温暖和希望，有你的地方就是天堂。

营养分析：

菜心品质柔嫩，风味可口，营养丰富。番茄中含有丰富的维生素C和维生素A以及叶酸、钾、茄红素，对人体的健康更有益处。鸡蛋含有易被人体吸收、利用的优质蛋白质和人体必需的8种氨基酸，有较高的营养价值和一定的医疗效用。

食材：

米饭100g，菜心100g，鸡蛋2只，番茄1个，海苔、食盐少许。

做法：

1.用海苔剪出头发、眉毛、眼睛等。

2.鸡蛋加少许食盐打散，用少许油在平底煎锅里小火煎成整张蛋饼。

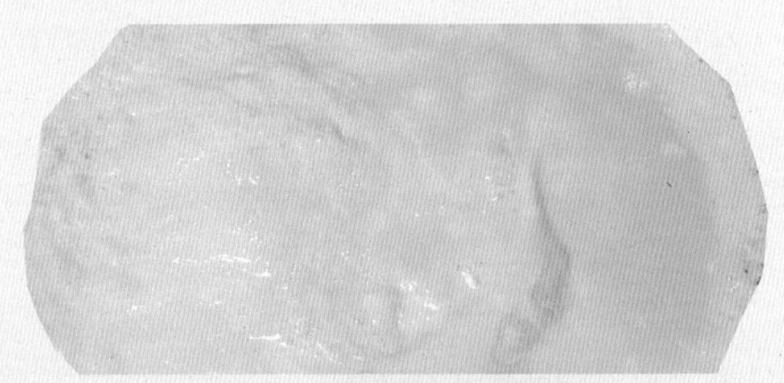

3.取出蛋饼后将番茄和菜心切碎翻炒片刻，加少许食盐出锅。

4.将米饭和蔬菜盛入盘子里。

5.把蛋饼修成月亮形状盖住蔬菜。

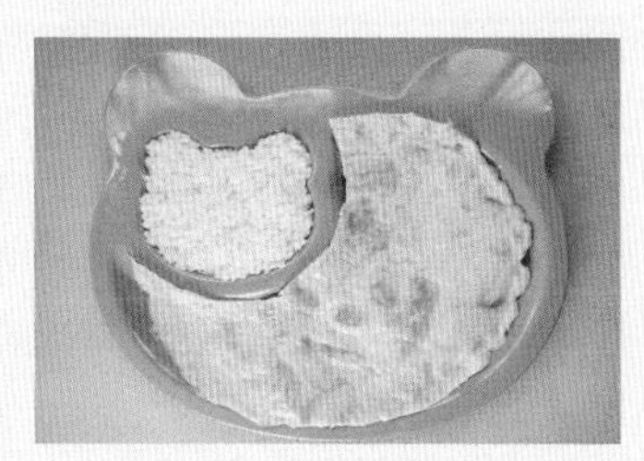

6.用海苔装饰出米饭和月亮的面部。

小贴士：

煎蛋饼的时候不要翻面，以免破掉。

52.龙年大福

龙年送福，龙年福到，
龙年一定要做个龙的吉祥物，
因为我们都是龙的传人呢，
看到龙有没有想到可爱的小龙人呢？

营养分析：

糯米中含有蛋白质、脂肪、糖类、钙、磷、铁、维生素B_1、维生素B_2等营养物质，对腹胀腹泻有一定的缓解作用，糯米有收涩作用，对尿频、盗汗有较好的食疗效果。草莓中所含的胡萝卜素是合成维生素A的重要物质，具有明目养肝的作用，草莓对胃肠道和贫血均有一定的滋补调理作用。

食材：

糯米粉30g，澄粉30g，糖粉20g、水60ml，淡奶油、草莓、可可粉、橙味果珍适量。

做法：

1.用水将橙味果珍加一半糖粉化开。

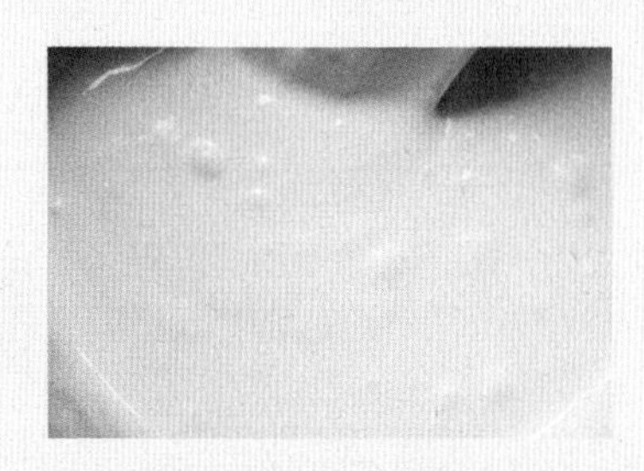

2.糯米粉和澄粉混合后倒入橙汁搅拌成糊，上锅蒸15分钟。

3.把奶油彻底打发，放入切好的草莓粒。

4.将蒸好的糯米粉揉成光滑面团，分出一份加入可可粉，揉成可可面团。

5.把黄色面团分成大小一样的团，擀成皮包入草莓奶油。

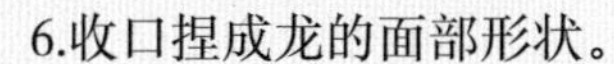

6.收口捏成龙的面部形状。

7.取一小块面捏扁，用梅花模压出眉毛形状。

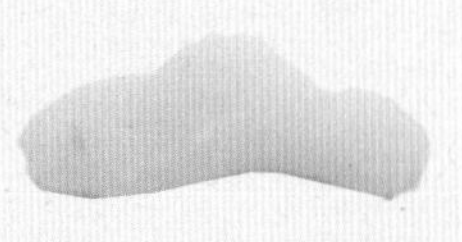

8.用可可面做出龙角、眼睛、胡须等，用奶油粘上。

小贴士：

糯米黏腻，不易消化，一次不宜多食。

53.小蝌蚪找妈妈

用食物绘本来演绎经典童话故事“小蝌蚪找妈妈”，整个故事更加生动，宝宝边吃边听故事，记忆更加深刻，非常适合不喜欢吃蔬菜的宝宝。

营养分析：

西兰花中富含丰富的维生素C。胡萝卜中含有丰富的胡萝卜素。虾仁中富含丰富的蛋白质、奶酪中含钙、铁、锌等微量元素，能促进生长发育、增加肠道蠕动、增强抗病能力、促进人体新陈代谢等。

食材：

大米100g，西兰花50g，鸡蛋1只，面粉100g，胡萝卜、虾仁、菠菜、青豆混合菜、海带、奶酪片、食盐少许。

做法：

1.将米加适量水煮成米粥。

2.菠菜打成泥加入鸡蛋打散，加入面粉和食盐拌匀摊成面饼。

3.用模具压出青蛙形状，在奶酪上压出椭圆做青蛙的眼睛，海带压出小圆做眼珠，压出V形做青蛙另一只眼睛，同样的在海带上压出嘴巴，挤上番茄酱当腮红。

4.继续在面饼上压出圆形，用竹签压出荷叶纹路。

5.另起锅将西兰花、虾、胡萝卜、海带煮熟。

6.用工具在海带上压出小蝌蚪的形状，煮熟的胡萝卜压成花。

7.混合菜加盐炒熟。

8.米粥和西兰花放料理机加少许食盐打成糊盛入碗中。

9.摆上蝌蚪和荷叶、花朵、水草即可。

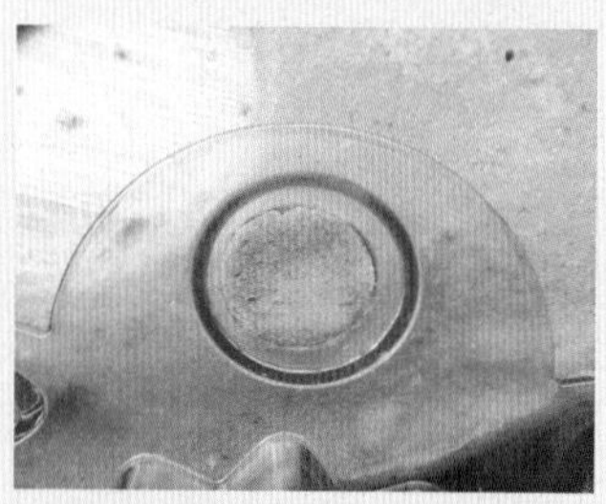

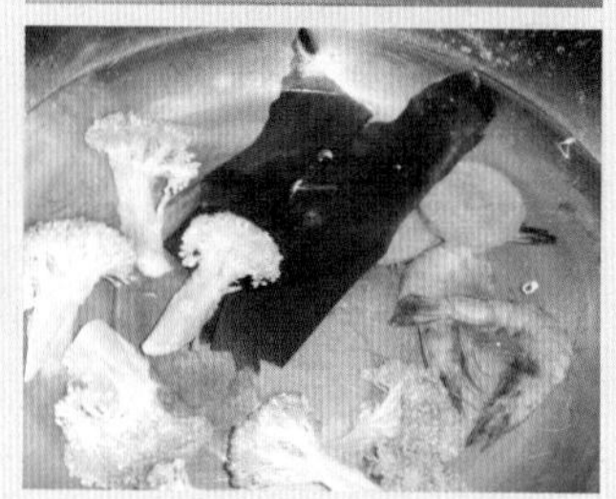

小贴士：

让宝宝爱上蔬菜需要一个过程，千万不能心急，海鲜过敏的宝宝就不要放大虾了。

54.五福蛋饺

天然蔬菜的营养和元宝造型的可爱蛋饺，是新年里送给宝宝最好的礼物，我们的五小福最喜欢交朋友了，妈妈和宝宝一起来给他们每一个都取个好听的名字吧。

营养分析：

香菇中含高蛋白、低脂肪、多种氨基酸和维生素，可提高机体免疫功能。紫甘蓝中含丰富的维生素C、维生素E，花青素甙和纤维素等能有助于细胞的更新，增强活力满足机体对纤维素的需求。土豆中含丰富的淀粉、维生素及钙，能促进消化功能防止便秘。胡萝卜中的维生素A可以促进婴幼儿生长发育。

食材：

鸡蛋4只，土豆100g，香菇20g，胡萝卜20g，青豆20g，青菜、紫甘蓝、海带，玉米淀粉、黄豆酱、食盐、鸡精少许。

做法：

1.土豆和海带蒸熟备用。

2.紫甘蓝和青菜榨汁，菜泥留着备用。

3.蛋清和蛋黄分离，将蛋清放入玉米淀粉拌匀，分三份，一份加入蔬菜汁（绿色）、一份加入紫甘蓝汁（蓝色）。

4.蛋黄打散分两份，一份加入紫甘蓝汁（咖色）。

5.不粘锅薄薄抹层油，将蛋饼依次煎好。

6.用花朵模具压出形状。

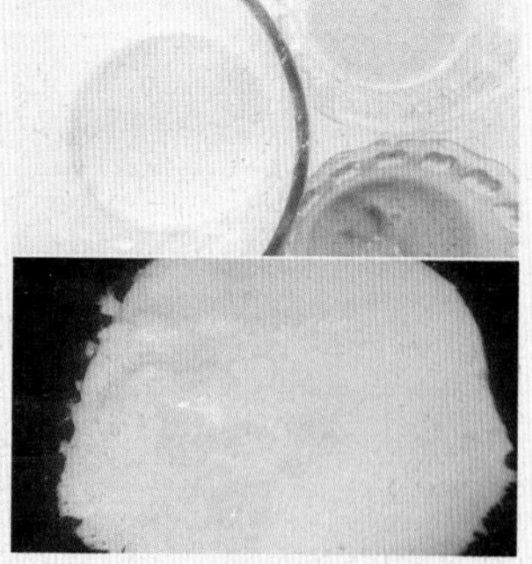

7.胡萝卜、香菇、青豆切丁。

8.蒸好的土豆压成泥和蔬菜泥一起拌匀。

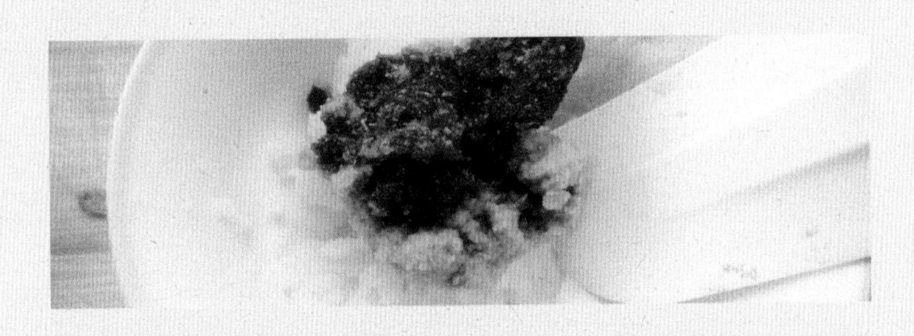

9.炒锅油热后放入胡萝卜、香菇、青豆粒炒至八成熟，加入黄豆酱和蔬菜土豆泥，放入食盐、鸡精炒熟。

10.取切好的蛋皮包入土豆泥对折捏好，用模具将海带压出表情和胳膊的形状放在蛋饺上。

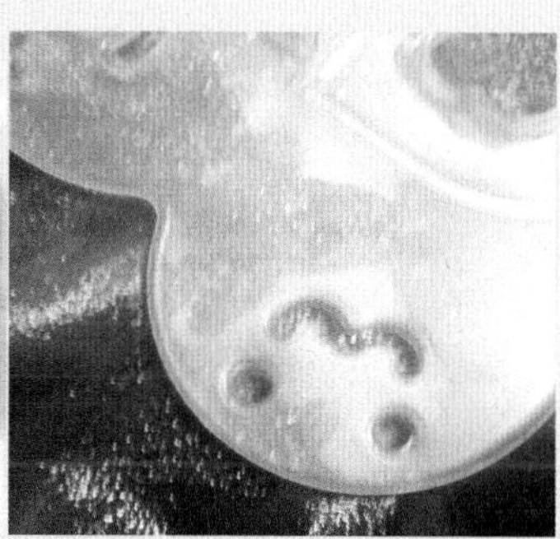

小贴士：

蛋饼里加蔬菜汁的量够染色即可。

55.娃娃蛋羹

鸡蛋是宝宝最早开始添加的辅食，

因其营养丰富、容易消化而受到家长们的欢迎，一碗滑嫩的娃娃蛋羹会带给宝宝健康、营养、好心情。

营养分析：

鸡蛋是人类最好的营养来源之一，鸡蛋中含有丰富的蛋白质、脂肪、维生素和铁、钙、钾等人体所需要的矿物质，蛋白质为优质蛋白，对肝脏组织损伤有修复作用，且富含DHA和卵磷脂、卵黄素，对神经系统和身体发育有利，能健脑益智，改善记忆力，并促进肝细胞再生，鸡蛋中含有较多的维生素B和其他微量元素，可以分解和氧化人体内的致癌物质，具有防癌作用。

食材：

鸡蛋100g，温水200g，海苔、香油、番茄酱适量。

做法：

1.碗里涂上一层香油。

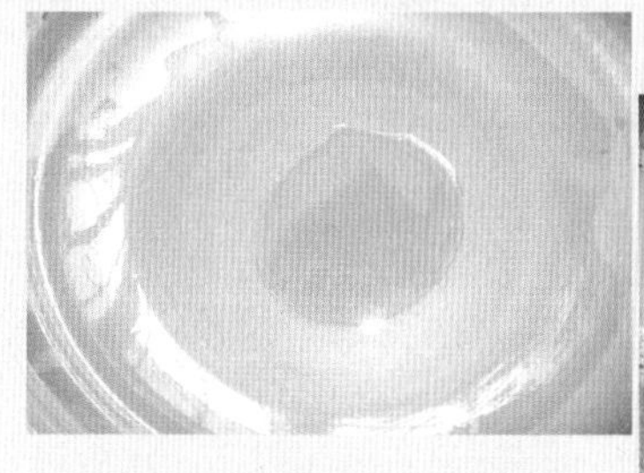

2.将鸡蛋打散。

3.加入温水搅拌均匀。

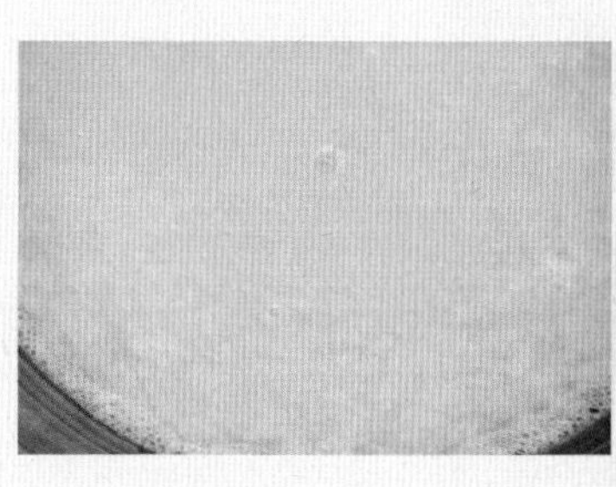

4.用滤网过筛。

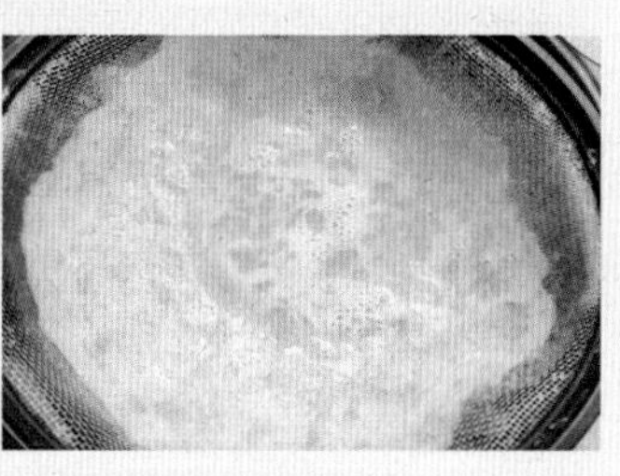

5.最后盖上盖子或保鲜膜，上沸水蒸锅中火蒸大约10~15分钟。

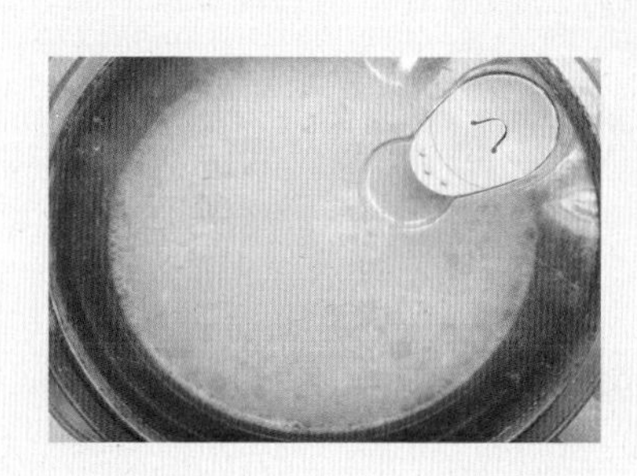

6.用剪刀将海苔剪出需要形状放在蛋羹上，挤上番茄酱当红脸蛋。

小贴士：

温水大约20℃左右就可以了，水的量是蛋液的两倍。

56.土豆地雷米饭

土豆地雷能够给予敌人致命一击，不过在此之前，他们需要武装一下自己。你应当把他们种在僵尸的前面——以便他们在接触僵尸时起爆。

有些人说土豆地雷很懒，他总是把事情留到最后一刻才动手。对于此类言论，土豆地雷不予理睬——他正忙着操心如何赚钱的事。

营养分析：

香菇中富含的蛋白质与各种氨基酸，可以提高机体免疫功能，能帮助消化，缓解便秘。猪肉可提供优质的蛋白质、必需的脂肪酸、血红素（有机铁）和促进铁吸收的半胱氨酸，能改善缺铁性贫血。

食材：

大米200g、香菇100g、瘦肉100g、樱桃1颗、奶酪1片、酱油、食盐、海苔适量。

做法：

1.水里加入少许酱油将米饭蒸熟。

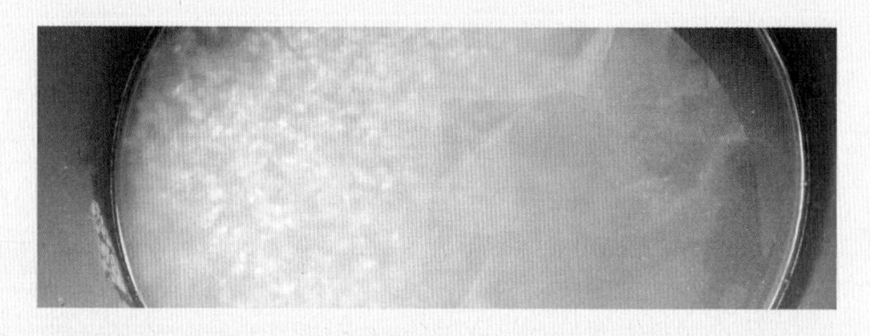

2.炒锅油热后放入肉末翻炒片刻，放入香菇、酱油、食盐炒熟。

3.蒸熟的米饭放入碗中压实。

4.倒扣入盘中。

5.用海苔剪出眼睛、嘴巴，奶酪片做出牙齿，樱桃用菜梗插在米饭上，炒好的菜围在米饭外面即可。

小贴士：

如果将米饭换成土豆泥会更贴切。

57.糖果蛋包饭

今天我们来做健康糖果。
既不会蛀牙还营养健康，不信？
那就跟着我做做看吧。

营养分析：

草莓中含丰富的维生素C ，有帮助消化、巩固齿龈、清新口气、润泽喉部的功效。鸡蛋中含有的蛋白质和人体必需的8种氨基酸，有较高的营养价值。玉米是粗粮中的保健佳品，玉米中的维生素B_6、烟酸等成分，可防治便秘。青豆含不饱和脂肪酸和大豆磷脂，有保持血管弹性和健脑的作用。

食材：

米饭100g，青豆混合菜50g，鸡蛋2只，面粉、草莓、小葱、番茄酱、甜面酱、食盐适量。

做法：

1.蛋清蛋黄分离，分别加入少许面粉拌匀。

2.不粘锅小火无油摊成蛋饼。

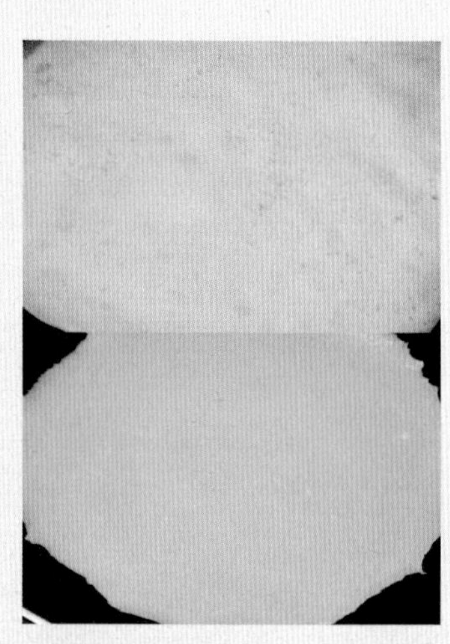

3.炒锅油热后放葱花爆香，加入青豆混合菜和食盐。

4.放入米饭、草莓继续翻炒至米饭变成粉色。

5.切掉蛋饼边缘包上炒饭裹住。

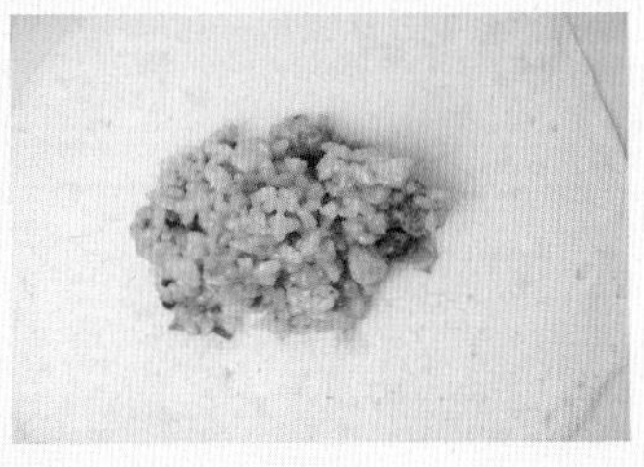

6.切掉的边卷成玫瑰花用便当叉固定。

7.葱叶用开水烫一下扎住蛋包饭两端。

8.插上玫瑰花。

9.最后将番茄酱、甜面酱装入挤花笔，画出图案装饰。

小贴士：

番茄酱装进裱花袋也是一样的。

58.双皮奶

小鱼小鱼奶中游，
小鱼为什么不在水里，跑到牛奶里了呢？
因为小鱼觉得牛奶更有营养呢，
小朋友你觉得呢？

营养分析：

双皮奶中含有丰富的蛋白质，钙和磷等微量元素，双皮奶的牛奶中则富含多种维生素，可促进新陈代谢，保证皮肤的光滑润泽，而牛奶中的钙最容易被吸收，而且磷、钾、镁等多种矿物搭配也十分合理。

食材：

全脂奶200g，蛋清1个，白糖30g、小番茄、黄瓜片少许。

做法：

1.将牛奶放入锅里加热不需煮沸。

2.倒入碗中晾凉，待上面结一层奶皮。

3.将奶皮从边上开口，将牛奶倒出五分之四，倒入打好的蛋清、白糖拌匀。

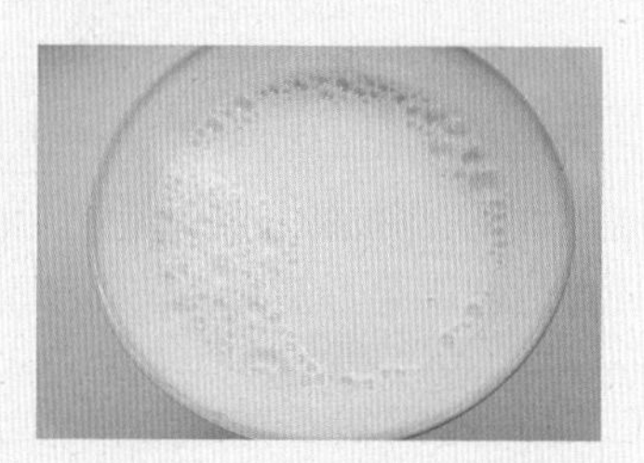

4.用筛子过滤掉泡沫重新沿碗边倒回到碗里，盖上保鲜膜，上锅中火蒸10分钟。

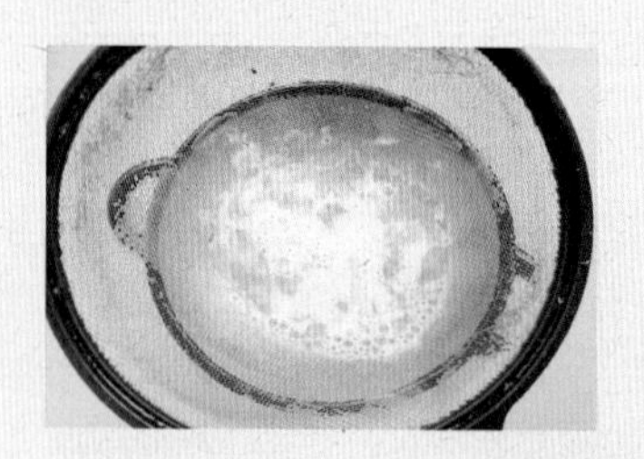

5.取出用小番茄、黄瓜装饰即可。

小贴士：

正宗的双皮奶是以优质水牛牛奶做出来的，我们用的奶的脂肪含量越高越好，文火慢炖，牛奶刚刚全部凝结就关火，老了口感不好，结皮后牛奶留一点在碗里防止奶皮沾底。

59.双发豌豆

双枪豌豆很好斗。他来自街头，
任何人都不放在眼里——无论是植物，还是僵尸。
他通过射击豌豆来保持与人们之间的距离。
然而私底下，他仍然渴望爱情。

营养分析：

豌豆中含有丰富的维生素A、赖氨酸、优质蛋白质，可以提高机体的抗病能力和康复能力，豌豆中富含粗纤维，能促进大肠蠕动，保持大便通畅。蚝油中含丰富的锌，适合需要补锌的儿童。

食材：

豌豆500g，蚝油适量。

做法：

1.将豌豆剥出来下锅煮熟。

2.煮熟的豌豆加适量蚝油。

3.用料理机加适量纯净水搅拌成豌豆泥。

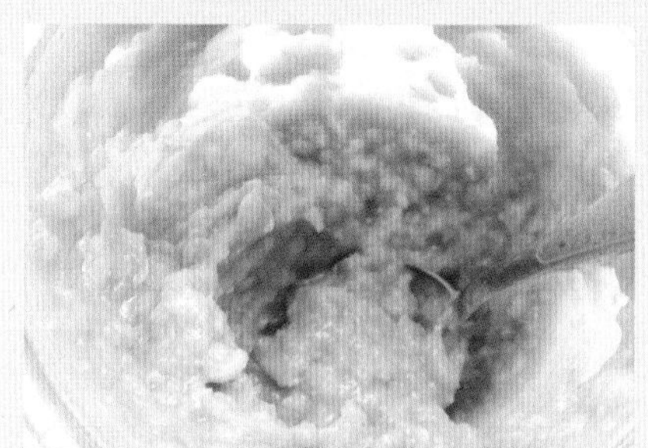

4.用勺子堆出豌豆射手形状，用蚝油做眼睛和嘴巴。

小贴士：

蚝油不要太多，多了不仅会咸，而且还会影响色泽，不喜欢蚝油或海鲜过敏的可以用牛奶或奶粉代替，搅拌时水不要加太多，否则不易塑型，豌豆一次不宜吃多，以免腹胀。

60.轻松熊肉饼

可爱的轻松熊又化身营养丰富的肉饼了，
口感香香甜甜的，
重要的是蒸出来的肉饼更健康哦。

营养分析：

荸荠中含丰富的磷，能促进生长发育、对牙齿骨骼的发育有很大好处，同时可调节酸碱平衡，荸荠含有一种抗病毒物质，可抑制流脑、流感病毒。经常食用香菇对婴儿因缺乏维生素D而引起的佝偻病有益。猪肉性味甘咸，滋阴润燥，可提供血红素（有机铁）和促进铁吸收的半胱氨酸，能改善缺铁性贫血。胡萝卜素转化成的维生素A是骨骼正常生长发育的必需物质。樱桃果实性味甘温，对贫血患者、儿童缺钙、缺铁均有一定的辅助治疗作用。

食材：

肉泥150g，荸荠150g ，香菇30g，胡萝卜30g，鸡蛋50g，土豆、玉米淀粉、苦菊、芒果、樱桃、酱油、食盐适量。

做法：

1.把荸荠、胡萝卜、香菇切碎，香菇留下几朵备用。

2.肉泥里打入鸡蛋，倒入蔬菜碎和酱油、食盐、淀粉拌匀放置片刻入味。

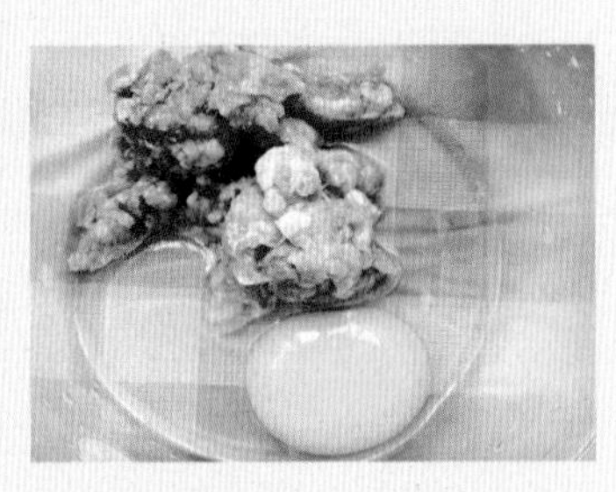

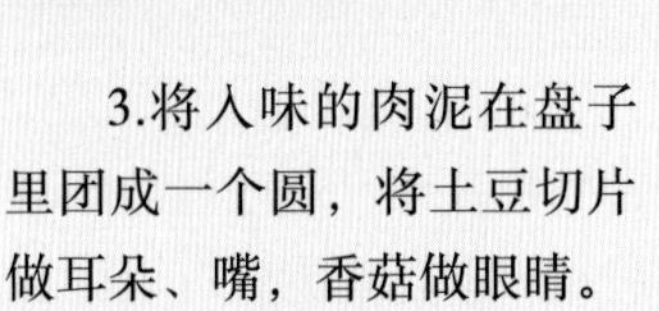

3.将入味的肉泥在盘子里团成一个圆，将土豆切片做耳朵、嘴，香菇做眼睛。

4.上锅蒸20~25分钟，最后旁边放上水果即可。

小贴士：

香菇用那种很小朵的刚好可以做眼睛。

61.口袋三文治

春天在哪里呀？春天在哪里？
春天就在我们的早餐里，这里有红花，这里有绿草，
还有那会唱歌的小青蛙。看呀，
小动物们从冬眠中渐渐苏醒过来，
青蛙妈妈看着自己的孩子们通过努力找到了自己，
脸上露出了幸福的笑容，
小金鱼和海星宝宝在一旁快乐地嬉戏着。
春天是那么美好，那么梦幻，那么令人向往！

营养分析：

生菜中富含膳食纤维、维生素C。鸡蛋、鹌鹑蛋中含有丰富的蛋白质、脑磷脂、卵磷脂、赖氨酸、胱氨酸、铁、磷、钙等营养物质，可补气益血，强筋壮骨。面包松软易于消化，不会对肠胃造成损害。

食材：

吐司4片、鸡蛋2只、奶酪片1片，鹌鹑蛋3个、火腿肠1根，生菜、胡萝卜、海苔片、盐适量。

做法：

1.鸡蛋加少许食盐炒成蛋花，吐司片用蒸锅加热，将胡萝卜焯熟、鹌鹑蛋煮熟。

2.取一片变软的吐司片放上鸡蛋、生菜、奶酪片，要留出边缘。

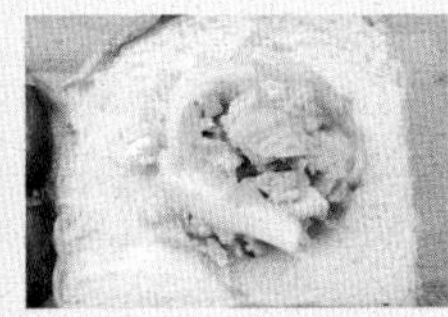

3.盖上另一片面包用吐司模压成口袋三文治。

4.容器下面铺上生菜，摆上三文治。

5.将胡萝卜切成鱼的形状，用火腿切出鱼鳞。

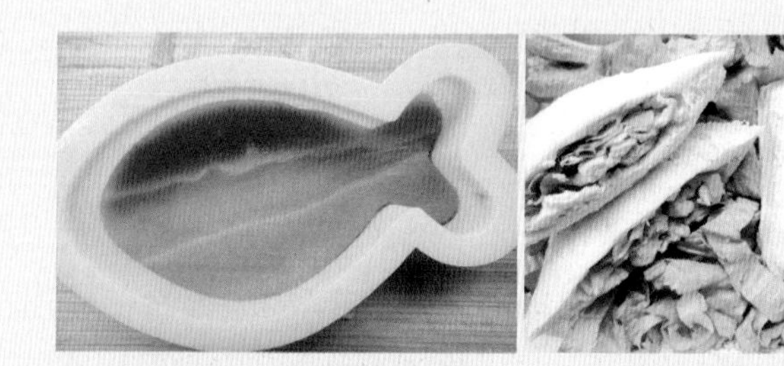

6.继续切一些胡萝卜、奶酪的海星、花朵装饰。

7.用鹌鹑蛋做出青蛙的形状摆在合适的位置即可。

小贴士：

夹馅不能放太多，否则无法完全封口。

62.巧虎米饭

宝宝不吃饭，巧虎来帮忙，宝宝们都十分喜欢巧虎，因为跟着巧虎可以学到很多知识和本领，

巧虎是我们最好的朋友，一定要记得巧虎的话好好吃饭哦，那样才可以和巧虎一样聪明又强壮。

营养分析：

奶酪是含钙最多的奶制品，而且易吸收，能增进抵抗力，促进代谢，保护眼睛的健康。鸡肉的蛋白质的含量较高，且易被人体吸收和利用。 蚝油中含有丰富的锌、牛磺酸，是缺锌人士的首选膳食调料，牛磺酸可增强人体免疫力。

食材：

熟米饭100g、青豆混合菜100g、鸡脯肉丁100g、奶酪片1张、鸡蛋1只、海苔1张、玉米淀粉、蚝油少许。

做法：

1.找一大小合适的瓶盖铺上保鲜膜。

2.将米饭填进去压实。

3.倒扣在盘子上，去掉保鲜膜。

4.取一团米饭用保鲜膜包住，捏出巧虎的两个耳朵。

5.蛋清和蛋黄分离。

6.蛋黄里加入适量玉米淀粉拌匀。

7.平底锅薄薄抹一层油将火开到最小，倒入蛋黄液，凝固后翻面即可。

8.用瓶盖将蛋饼压出一个圆形。

9.将圆形蛋饼盖在米饭上做巧虎的脸。

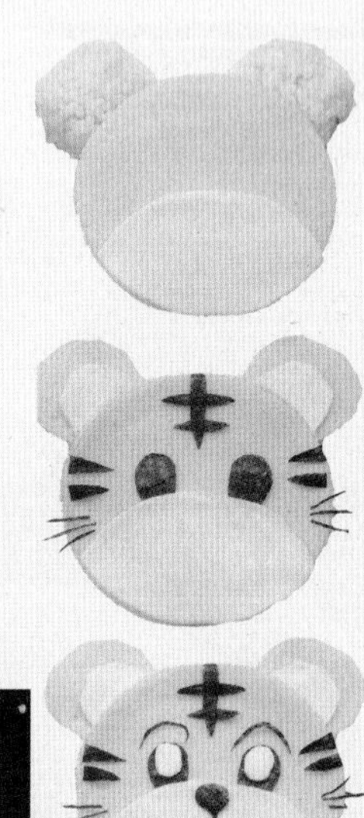

10.奶酪片修成橄榄形铺在脸的下半部分。

11.将海苔剪出巧虎的虎纹、眼睛、眉毛、胡子、嘴巴，剩余的蛋饼剪两个半圆当巧虎的耳朵。

12.芝士片剪两个小半圆形放在巧虎的耳朵上，再剪两个小圆形做眼球。

13.炒锅放油，油热后放入鸡肉丁翻炒至五成熟，加入青豆混合菜继续翻炒，出锅时加适量蚝油。

14.将菜摆在巧虎旁边即可。

小贴士：

只用蛋黄是为了使颜色更加金黄，也可以用整个鸡蛋做蛋饼。

63.蛇年吉祥饭

马上就到蛇年了，每年都会有一个吉祥物，听到蛇是不是有些恐惧呢？不怕，其实蛇也有可爱的一面呢，但是遇见真蛇可一定要躲得远远的。

营养分析：

虾中富含磷、钙，对小儿有补益功效。豌豆中含有优质的蛋白质和粗纤维，可以提高机体的抗病能力和康复能力，能促进大肠蠕动，保持大便通畅。黄瓜中含有的葫芦素C具有提高人体免疫功能。胡萝卜中的大量胡萝卜素进入机体后其中50%变成维生素A，有补肝明目的作用，可治疗夜盲症。

食材：

米饭200g，黄瓜丁50g，豌豆50g，胡萝卜粒50g，虾仁50g，鸡蛋2只，食盐、玉米淀粉、海苔、番茄、奶酪片少许。

做法：

1.炒锅油热后放入虾仁翻炒。

2.接着放入胡萝卜、豌豆、黄瓜丁翻炒片刻加入食盐出锅。

3.把蛋清蛋黄分离，加入玉米淀粉分别摊成蛋饼。

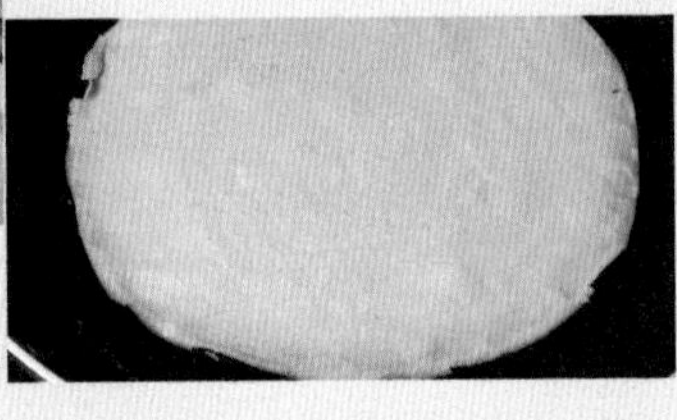

4.拿牙签在黄蛋饼上画出轮廓，去掉多余蛋饼。

5.用白色蛋饼做出眼睛、肚子。

6.将海苔剪出需要形状放在蛇身上。

7.用奶酪片做出蛇身上的花纹，最后用番茄和黄瓜皮做出草和花朵。

小贴士：

蛋饼和奶酪片容易干，操作要快。

64.熊猫茄子盖饭

大熊猫是国宝，黑眼睛肥胖腰，翻跟头咪咪笑，
爬上翠竹把手招，向小朋友们问个好。

营养分析：

茄子的营养较丰富，含有蛋白质、脂肪、碳水化合物、维生素以及钙、磷、铁等多种营养成分。特别是维生素P的含量很高，这种物质能增强人体细胞间的黏着力，增强毛细血管的弹性，减低毛细血管的脆性及渗透性，防止微血管破裂出血，使心血管保持正常的功能，此外，茄子还有防治坏血病及促进伤口愈合的功效。

食材：

熟米饭300g，茄子300g，番茄一个，香菇、蟹肉棒、生菜、食盐少许。

做法：

1.茄子去皮切小块。

2.炒锅油热后放入茄子和番茄一起翻炒片刻，加少许水和食盐炒熟出锅。

3.炒好的茄子盛入杯子里。

4.用开水加少许食盐将香菇、茄子皮、蟹肉棒煮熟备用。

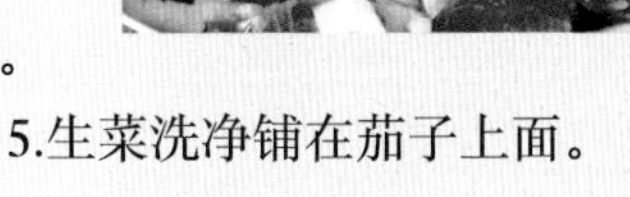

5.生菜洗净铺在茄子上面。

6.用保鲜膜将米饭团出一个圆放在生菜上面。

7.用模具将香菇切成熊猫的耳朵、眼睛形状，蟹肉棒取红色部分压出腮红，茄子皮做嘴巴摆在合适位置。

小贴士：

炒茄子时加点番茄可以防止茄子变黑。

65.动物三角饭团

森林里住着一群相亲相爱的小动物，每天都会有小动物出来给大家表演节目，今天轮到小猫咪和小兔子了，它们会表演什么样的节目呢？

营养分析：

大米有补中益气、健脾养胃、聪耳明目、止烦、止渴、止泻的功效。圣女果中的番茄红素可增加抵抗力，提高人体的防晒功能。奶酪片含钙和乳酸菌，可促进生长，防治便秘和腹泻。海苔中含丰富的硒和碘，这些矿物质可以维持机体的酸碱平衡，有利于儿童的生长发育。

食材：

米饭100g，奶酪片1片，黄瓜、大根、熟蟹肉棒、海苔、圣女果、寿司醋适量。

做法：

1.将米饭加入适量寿司醋拌匀。

2.填入饭团模具压实后脱模，围上一圈海苔。

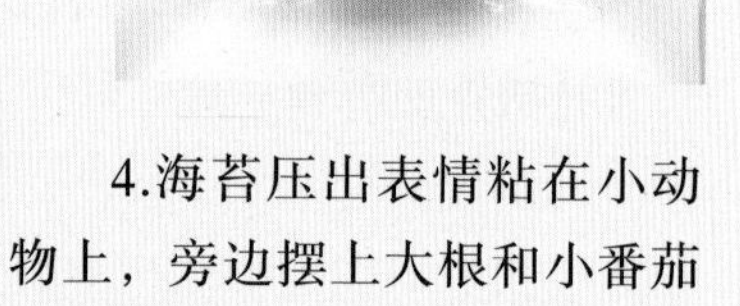

3.奶酪片切出小动物形状，蟹肉棒切出花朵。

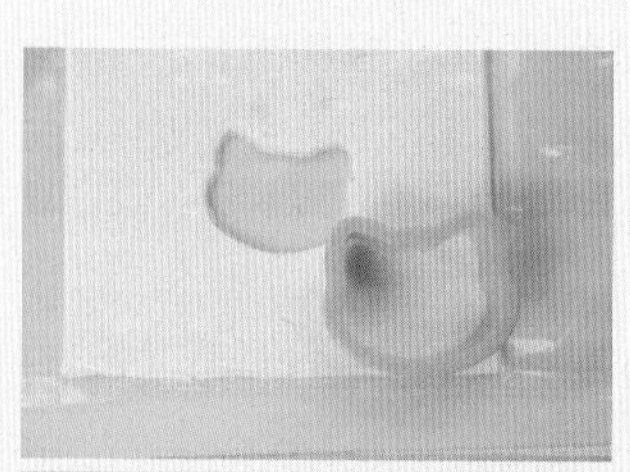

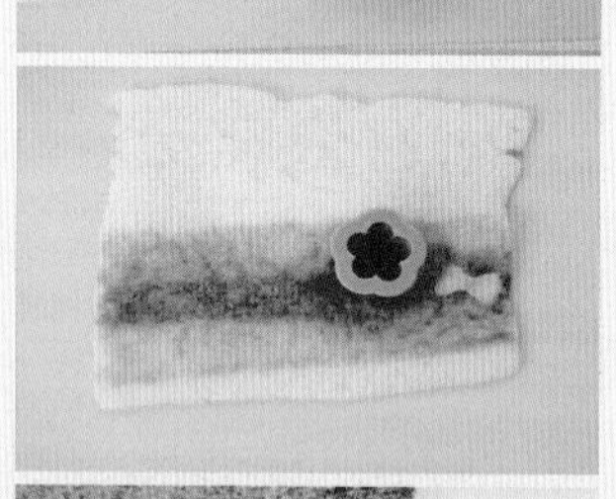

4.海苔压出表情粘在小动物上，旁边摆上大根和小番茄即可。

小贴士：

寿司醋可以杀菌调味，可用白醋+白糖代替。大根是一种腌制好的萝卜。

66.雪花豌豆咖喱饭

雪花豌豆发射的冰冻豌豆不仅能够伤害僵尸，
还能够放慢他们的步伐，
天然蔬菜汁可以做出蓝色的米饭是不是有些神奇呢？

营养分析：

紫甘蓝中含丰富的维生素C、花青素、纤维素和抗氧化剂，可促进肠道蠕动、抵抗自由基。

食材：

米饭150g，鸡肉咖喱1盒，紫甘蓝50g，清水50g，食用碱0.2g，生菜、西兰花、海苔少许。

做法：

1.将紫甘蓝加水榨汁。

2.加入食用碱将大米泡入甘蓝汁中，当看到大米变成蓝色即可上锅蒸熟。

3.取适量蓝色米饭用勺子堆出雪花豌豆的形状。

4.用海苔剪出眼睛和嘴巴，放在合适的位置上。

5.将西兰花和咖喱鸡肉放入开水加热3~5分钟后倒在米饭旁边。

6.用生菜剪出叶子摆在合适位置即可。

小贴士：

食用碱千万不要放多，多了会变绿色，蒸米的水不要换掉，如果不够可以加适量清水，可以根据宝宝口味调整配菜。

67.太阳花蛋包饭

简单的炒饭稍加心思就变成了既营养丰富又充满乐趣的一餐，和宝宝一起化身游戏中的人物，快乐地享用美食吧，想要搜集更多阳光还是希望僵尸入侵，你说了算！

营养分析：

鸡蛋中含有丰富的蛋白质。虾中含有丰富的镁、磷、钙等矿物质，可以帮助宝宝营养大脑，增强抵抗力，补充钙质。荷兰豆对增强人体新陈代谢功能有十分重要的作用。

食材：

熟米饭100g，鸡蛋3只，荷兰豆、虾仁、青豆混合菜、菠菜泥、酱油、海苔、玉米淀粉、食盐、鸡精适量。

做法：

1.蛋清蛋黄分离。

2.虾仁和荷兰豆切碎。

3.炒锅油热后倒入青豆混合菜翻炒片刻，放入荷兰豆和虾仁、食盐、米饭炒匀。

4.蛋黄加入玉米淀粉拌匀摊成蛋饼，蛋清加入玉米淀粉分两份，一份加入酱油，一份加入菠菜泥，分别摊成蛋饼。

5.找一圆形容器装上炒饭压实，倒扣入盘中合适位置。

6.酱油色蛋饼修剪出脸型，盖在炒饭上稍微压扁，黄色蛋饼压出水滴形围绕脸部摆一圈花瓣。

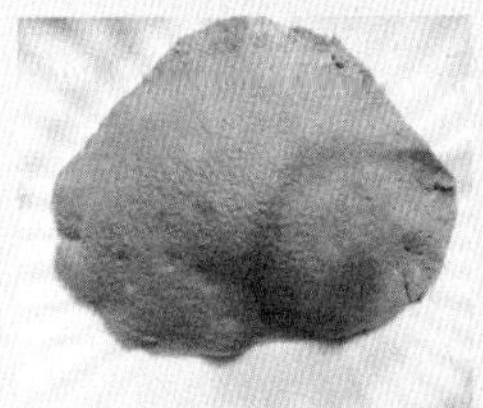
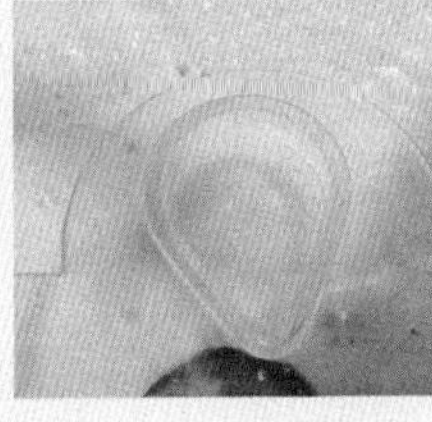
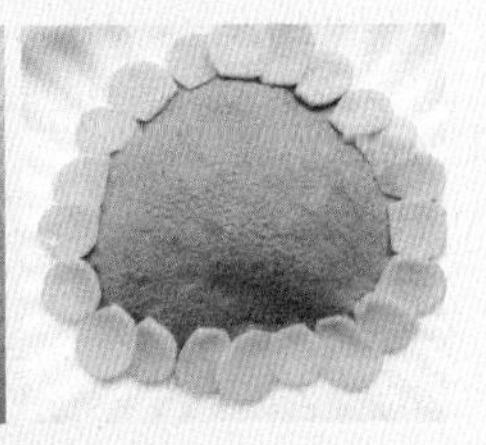

7.用海苔剪出眼睛和嘴巴摆在合适位置。

8.将菠菜蛋饼剪出叶子形状摆在下面即可。

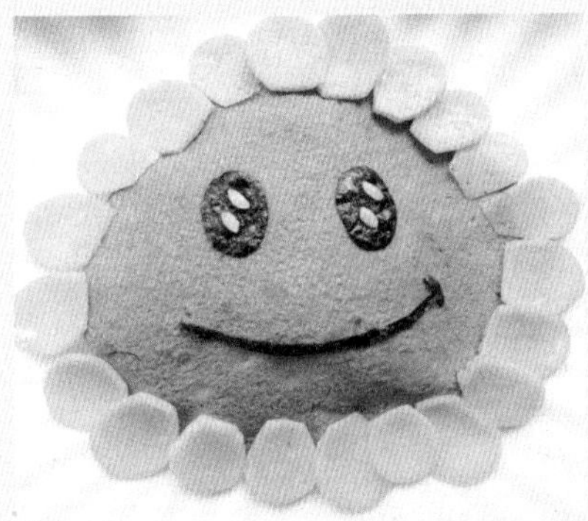

小贴士：

海鲜过敏的宝宝可以用别的食材替代虾仁。

68.熊猫红烩饭

胖胖的熊猫宝宝团团和圆圆真是人见人爱，
花见花开，你更喜欢哪一个呢？
会不会有点不舍得吃了呢？

营养分析：

鸡脯肉中含有易被人体吸收的蛋白质和磷脂类，可促进生长发育、增强抵抗力。香菇的不饱和脂肪酸甚高，可预防儿童因缺乏维生素D而引起的佝偻病。

食材：

大米300g，鸡脯肉200g，土豆250g，番茄红烩料两块，香菇、胡萝卜、黄瓜、小番茄、樱桃、海苔适量。

做法：

1.大米蒸熟备用。

2.将鸡脯肉、胡萝卜、黄瓜、土豆、香菇、小番茄切成丁。

3.油热后放入鸡脯肉翻炒，继续放入其他蔬菜一起翻炒，加适量水和番茄红烩料一起炖至汤汁浓稠即可。

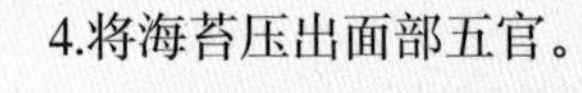

4.将海苔压出面部五官。

5.米饭填满模具压实，脱模后用镊子将眼睛等放在饭团上。

6.最后在旁边放上菜和水果装饰。

小贴士：

米饭要蒸得稍软些，这样比较好造型，不需要另外加盐，若觉得清淡可以加点盐调味。

69.熊猫包心鱼丸

多一个步骤，丸子也可以变身成为熊猫宝宝，
爱吃鱼的宝宝会更聪明哦，
悄悄告诉你里面另有玄机呢。

营养分析：

鲈鱼中富含蛋白质、维生素、矿物质等营养物质，具有补肝肾、益脾胃、化痰止咳之效，又不会造成营养过剩而导致肥胖，是健身补血、健脾益气和益体安康的佳品。猪肉能提供人体必需的脂肪酸、血红素（有机铁）和促进铁吸收的半胱氨酸，能改善缺铁性贫血。

食材：

鲈鱼500g，猪肉馅100g，玉米淀粉100g，蘑菇、青菜、酱油、牛肉粉、浓汤宝，葱、姜、食盐、竹炭粉适量。

做法：

1.葱姜用适量水浸泡片刻。

2.只取葱姜和猪肉馅、酱油、牛肉粉、食盐，用绞肉器绞成泥。

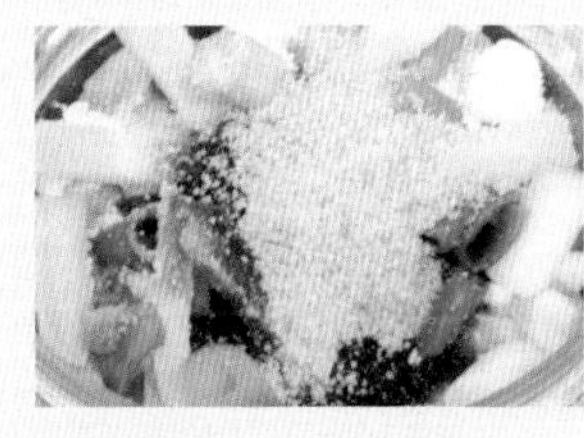

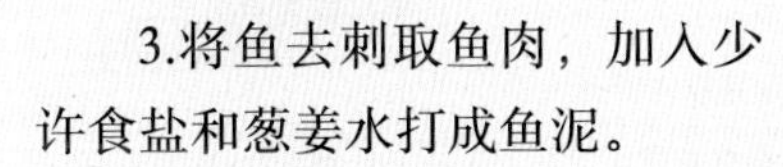

3.将鱼去刺取鱼肉，加入少许食盐和葱姜水打成鱼泥。

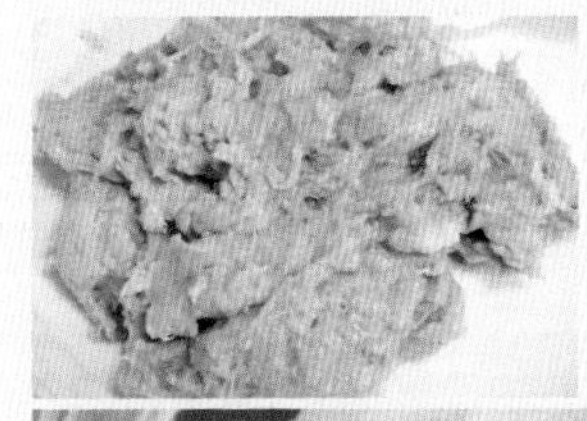

4.将鱼泥加入玉米淀粉，用打蛋器的搅拌钩开1档搅拌至鱼茸出胶有弹性。

5.将猪肉泥团成小丸子，锅上做开水。

6.取一盘子撒些玉米淀粉，放上一团鱼泥压扁，接着放上肉丸子，用手团成球开水下锅。

7.取少许玉米淀粉加竹炭粉活成糊，装入扎小口的裱花袋。

8.丸子汆十几秒后取出用裱花袋画上熊猫的五官。

9.水里放浓汤宝化开，加入鱼丸、蘑菇和青菜一起煮熟即可食用。

小贴士：

用打蛋器搅拌时一定要用搅拌钩而不是打蛋头，没有打蛋器可以用手反复摔打出胶即可。

70.小狮子奶酪吐司

狮子可是威风凛凛的森林之王呢，
因为它从不挑食，所以身体足够强壮，
你也想像狮子一样强健吗？
那么千万不要挑食哦，营养均衡才可以增强抵抗力。

营养分析：

面包中含有蛋白质、脂肪、碳水化合物、少量维生素及钙、钾、镁、锌等矿物质，易于消化、吸收。奶酪片能增进人体抗病能力，促进代谢，保护眼睛健康，吃含有奶酪的食物能大大增加牙齿表层的含钙量，从而起到抑制龋齿发生的作用。

食材：

吐司2片，奶酪片4片，海苔少许。

做法：

1.将吐司加热使其变软。

2.用花朵模具压出头部形状。

3.用剪刀剪出身体。

4.将奶酪片重复面包的形状。

5.再用奶酪片做出面部细节，海苔剪出眼睛和胡子。

6.最后用吐司和奶酪片压出狮子的尾巴即可。

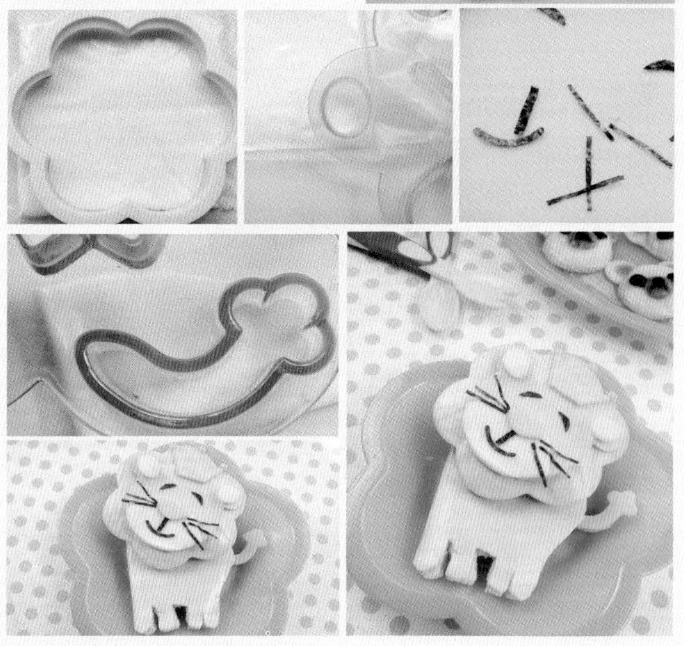

小贴士：

没有奶酪片可用蛋饼代替。

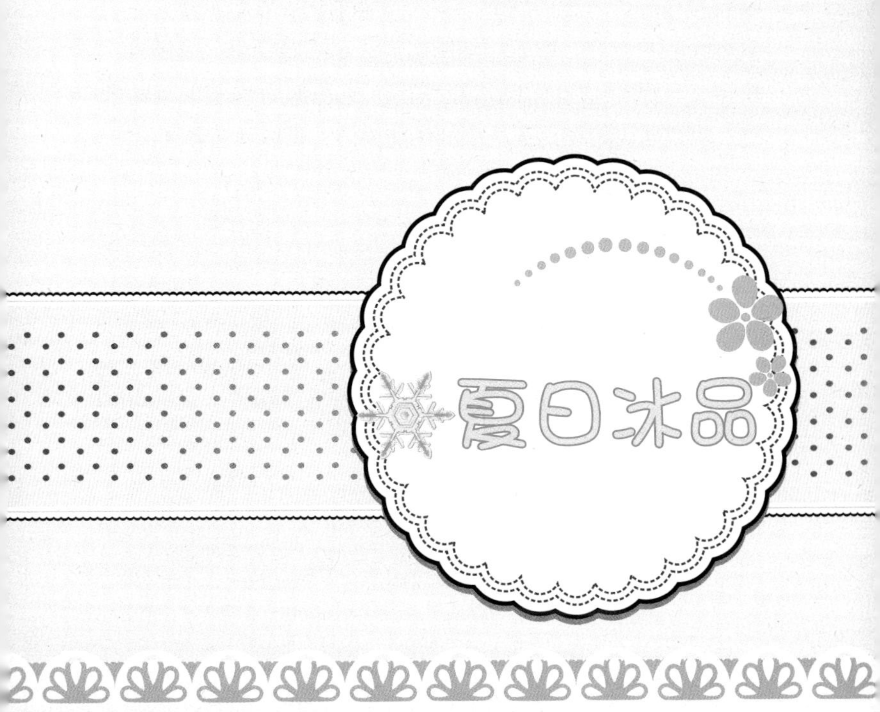
夏日冰品

71.维尼芒果冰激凌

夏天自己动手做冰激凌吧，绝对没有任何添加剂，并且含丰富的营养，还可以发挥想象做个可爱的造型哦。

营养分析：

蛋黄中含丰富矿物质、维生素、磷脂等营养物质，对孩子补铁和大脑发育均有益，蛋黄里的叶黄素和玉米黄素可帮助眼睛过滤有害的紫外线，核黄素可以预防烂嘴角、舌炎、嘴唇裂口等。芒果的胡萝卜素含量特别高，有益于视力，芒果中含有芒果苷，能延缓细胞衰老、提高脑功能。对咳嗽、痰多、气喘等症有辅助治疗作用。土芒果中含有大量的纤维，可以防治便秘。牛奶中的钙能强健儿童的骨骼和牙齿。

食材：

蛋黄2个，牛奶250g，动物奶油250g，白砂糖30g，芒果160g。

做法：

1.牛奶加入蛋黄、白砂糖小火搅拌，不需煮沸。

2.煮至变成可以挂住勺子的奶糊即可。

3.将芒果肉取出打成糊，

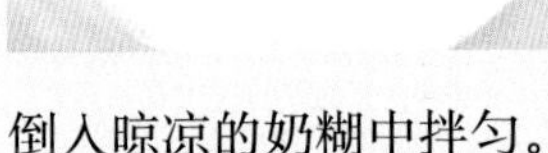

倒入晾凉的奶糊中拌匀。

4.将奶油稍微打发，倒入芒果奶糊里一起拌匀。

5.装入保鲜盒入冰箱冷冻，隔1小时取出搅拌一次，反复三次后装入可爱容器中冷冻。

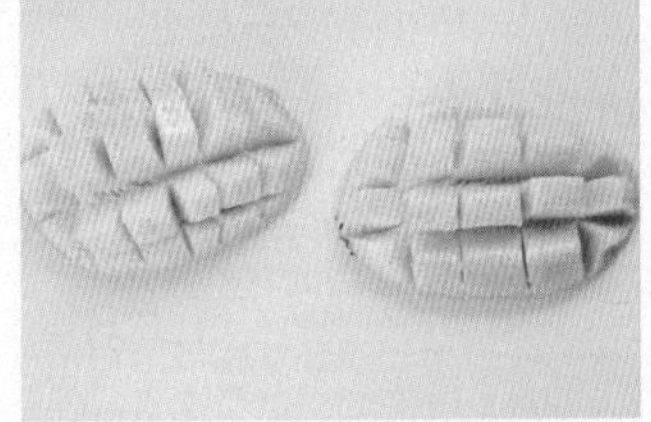

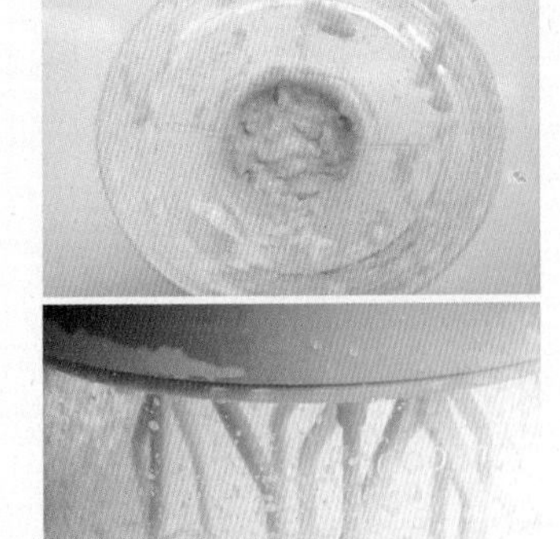

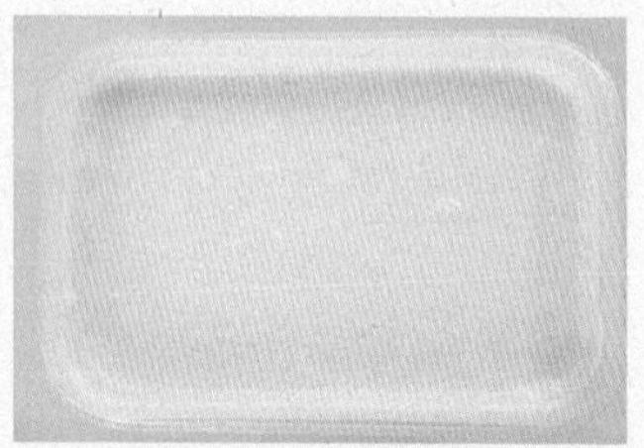

6.取出冻好的冰激凌用，挤酱笔画上维尼的五官即可。

小贴士：

煮牛奶的时候用小火，要不停搅拌，以免煮沸和糊锅。

72.水果冰棒

水果味的冰棍营养又健康，
绝对的真材实料，嘟嘟……
看到草莓味道的小汽车了吗？
它可以搭载你到一个冰凉的童话世界哦。

营养分析：

芒果中含有糖、蛋白质、粗纤维，食用芒果具有益胃、解渴、利尿的功用。牛奶中的钙能强健骨骼和牙齿。经常食用蓝莓制品，可明显地增强视力，消除眼睛疲劳。草莓中所含的胡萝卜素是合成维生素A的重要物质，具有明目养肝作用，草莓对胃肠道和贫血均有一定的滋补调理作用。

食材：

牛奶30g，芒果泥30g，蓝莓果酱30g，自制草莓酱30g。

做法：

1.将芒果泥、草莓酱和蓝莓酱加少许纯净水拌匀。

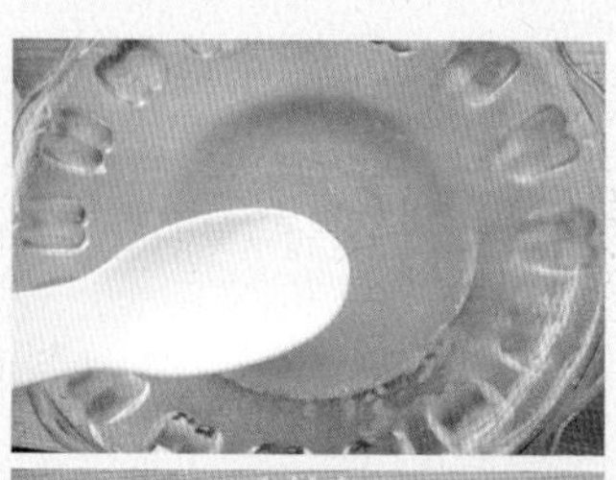

2.将所有原料倒进鸡蛋模具里冷冻。

3.待快完全冻住的时候放上木头冰棍。

4.等到完全冻住即可食用。

小贴士：

自制冰棍不含任何的胶质和添加剂，所以化得比较快。